Trudi Schmid *Weben mit Kindern*

W0335564

Trudi Schmid

Weben mit Kindern

AT Verlag

© 1993
AT Verlag Aarau/Schweiz
Schwarzweissfotos: Jörg Müller, Aarau
Farbfotos: Roland Aellig, Bern
Satz, Lithos und Druck: Grafische Betriebe
Aargauer Tagblatt AG, Aarau
Bindearbeiten: Buchbinderei Eibert AG, Eschenbach
Printed in Switzerland

ISBN 3-85502-458-8

Das Buch ist auch in Spiralbindung erhältlich
ISBN 3-85502-459-6

Inhalt

Weben mit Kindern

Beim Weben, einem uralten Handwerk, werden Längs- und Querfäden miteinander verflochten, verwoben, damit ein Gewebe, eine Fläche, entsteht. Dies ist immer wieder ein faszinierender Vorgang. Auch Kinder lassen sich davon begeistern, und nicht selten habe ich erlebt, dass sie während des Webens zu summen oder zu singen begannen.

Allerdings ist ein einfacher und zuverlässiger Webrahmen die Voraussetzung für eine beglückende Tätigkeit. Leider ist bei vielen Kinderwebrahmen, wie sie in Bastelgeschäften angeboten werden, der Misserfolg schon vorprogrammiert: Aufgespannte Fäden sind über den sogenannten Kamm geführt. Durch Hin- und Herbewegen dieses Kammes wird das Fach gebildet, also der kleine Abstand, durch den die Webnadel, das Schiffchen, geschoben werden kann. Diesen Vorgang begreifen schon kleinere Kinder schnell. Allerdings ist es für Kinder (für Erwachsene übrigens auch) etwas schwierig, den Querfaden so locker einzulegen, dass ein **gerades** Webstück entsteht, das auch noch **schöne** seitliche Ränder hat.

Die Enttäuschung ist darum gross, wenn schon nach wenigen Zentimetern das Gewobene an den Rändern derart zusammengezogen ist, dass jedes Mal beim Bewegen des Kammes die äussersten Spannfäden aus den Rillen rutschen. Wird das Webstück schliesslich vom Rahmen gelöst, hängen an beiden Enden lange Spannfäden. Was tun? «Fäden verknüpfen», rät die wenig hilfreiche Anleitung. Aber wie? Und was machen wir nachher mit dem unschönen verknüpften Rand?

Webrahmen mit beweglichem Kamm sind – auch wenn sie sich «Schulwebrahmen» nennen – für Kinder nicht sehr geeignet.

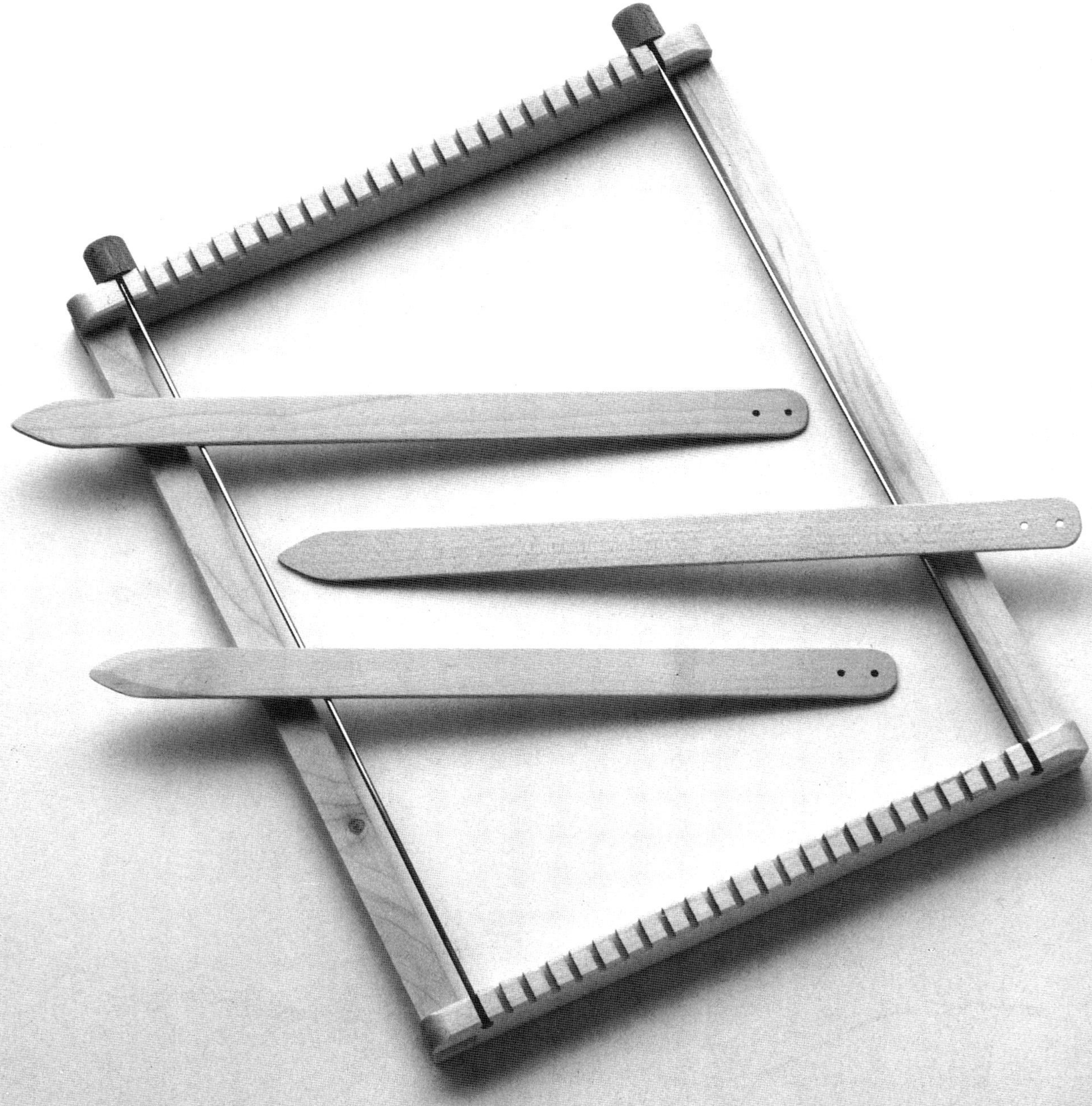

Der ABA-Webrahmen

Ein bescheidener, kleiner Webrahmen hat mich schon seit langem fasziniert. Er wurde in einer Werkstatt für Behinderte entwickelt und ist überaus einfach zu handhaben. Obwohl er nur 22 × 27 cm gross ist, lassen sich viele hübsche Sachen darauf weben: Nadelrollen, Stecknadelkissen, verschiedene kleine Taschen, «Faulenzer», einfache Bildwebereien oder strapazierfähige Topflappen. Auf diesem Webrahmen können auch die sehr beliebten Armbänder aus Perlen hergestellt werden.

Wie sieht der ABA-Webrahmen aus?

Er ist 22 × 27 cm gross und aus massivem Ahornholz angefertigt. Für die Spannfäden sind an der oberen und unteren Querleiste 25 Schlitze angebracht.

Tip Wenn es vorkommt, dass ein «Zahn» herausbricht, können wir uns auf verschiedene Art behelfen. Auf Seite 33 ist eine der Möglichkeiten beschrieben.

Zwei Spanndrähte mit angeschraubten Buchenholzzäpfchen verhindern, dass das Webstück seitlich zusammengezogen wird.

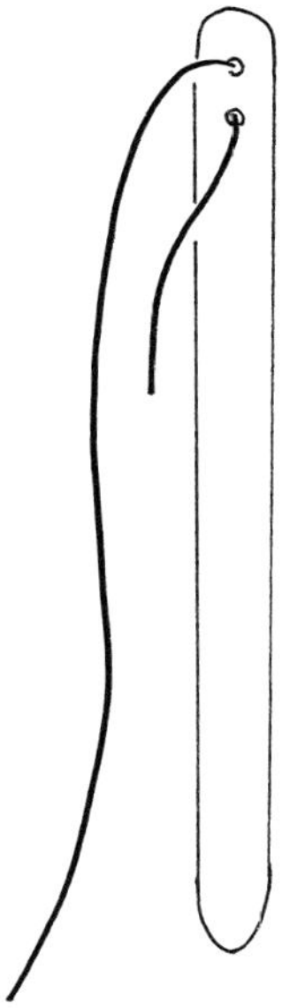

Die Webnadeln (Schiffchen) aus Holz (siehe Zeichnung), weisen an ihrem Ende zwei Löchlein auf, in die der Webfaden – am besten mit Hilfe einer stumpfen Wollnadel mittlerer Dicke – eingefädelt wird. Es spielt keine Rolle, aus welchem der Löchlein der lange Faden heraushängt.

Was für Material können wir verwenden?

Ausser für die Perlenwebereien nehmen wir für die **Spannfäden** (d. h. also für die Längsfäden, in der Websprache **Kette** genannt) meistens 4faches Bauwollgarn (z. B. Schulgarn). Wenn wir allerdings einen Gegenstand weben möchten, der so gross ist wie der ganze Webrahmen (z. B. eine Hirtentasche oder eine Bildweberei), empfiehlt es sich, für die Spannfäden dickeres, z. B. 6faches Baumwollgarn zu verwenden.

Wenn das Garn für die Spannfäden farblich zu den Webfäden passt, fallen an der fertigen Arbeit die Spannfadenbogen am oberen und unteren Rand des Gewebes weniger auf.

Für die **Webfäden** (das heisst also für die Querfäden, in der Websprache **Schuss** genannt) eignet sich Baumwollgarn nicht. Dieses glatte Garn hat auf den Spannfäden – die an diesem Webrahmen ziemlich weit, nämlich 8 mm, auseinanderstehen – zu wenig Halt und rutscht am fertigen Webstück hin und her. **Wolle** hingegen, etwa Reste von farbiger Sportwolle (z. B. SEDRUN), eignet sich gut. Sportwolle ist auch mindestens fünffach, also dick genug, dass man mit dem Webstück gut vorankommt. Für grössere Webflächen (z. B. Hirtentaschen oder Bildwebereien) verwenden wir noch etwas dickere Wolle (z. B. SILVRETTA, SUBITO, MAXI).

Für die **Perlenarbeiten** verwenden wir starken Baumwollfaden, z. B. Mettler silk-finish, 24/3, 300 m. Mit diesem Faden spannen wir die Längsfäden; wir brauchen ihn auch für die Arbeitsfäden, mit denen wir die Perlen einweben. (Perlenarbeiten, siehe Seiten 61 ff.)

Aufspannen der Längsfäden

Je nachdem, ob wir beabsichtigen, eine **kleine Weberei** auszuführen, zum Beispiel ein Stecknadelkissen (1) oder ein Nadelbüchlein (2), oder eine, die so lang ist wie der **ganze Webrahmen,** beispielsweise ein Tragkissen für ein Püppchen (3) oder eine Hirtentasche (4), knüpfen wir den Anfang des Spannfadens unterschiedlich an.

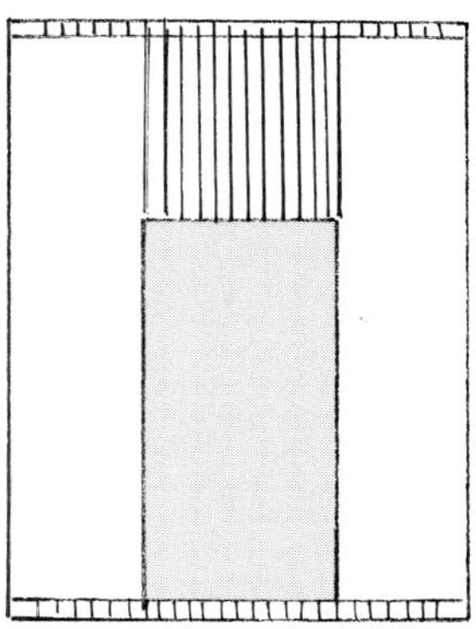
1

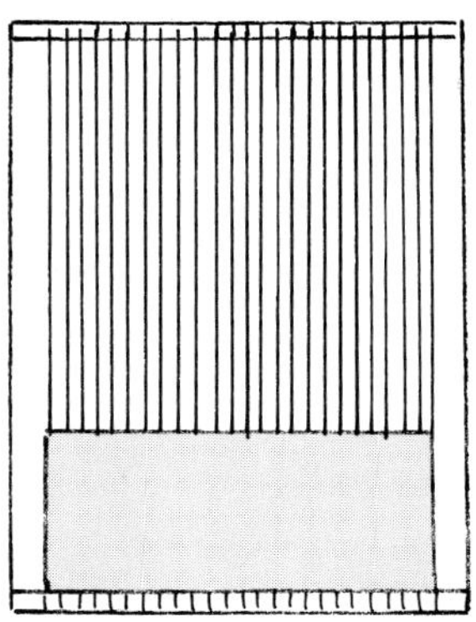
2

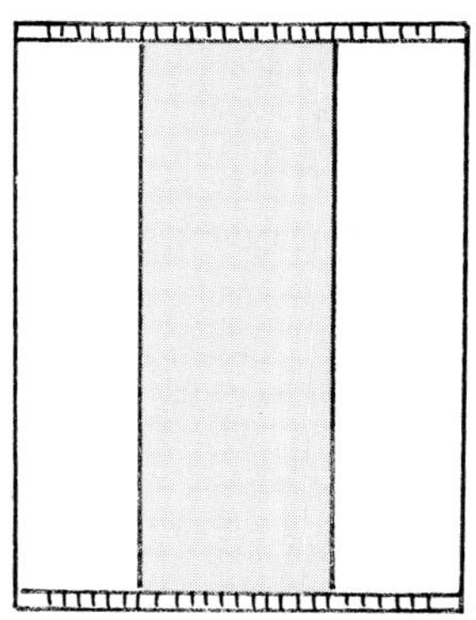
3

4

a) Für eine **kleine Weberei** genügt es, wenn wir den Faden im ersten Schlitz der gewünschten Webbreite anknüpfen (siehe Zeichnung). Weil nach dem Herauslösen des fertigen Stückes der Spannfaden **nachgezogen** wird (siehe Seite 23 ff.), bleibt viel Fadenlänge übrig, also längst genug, um einen kleinen Gegenstand (z. B. ein Stecknadelkissen) auch noch zusammennähen zu können.

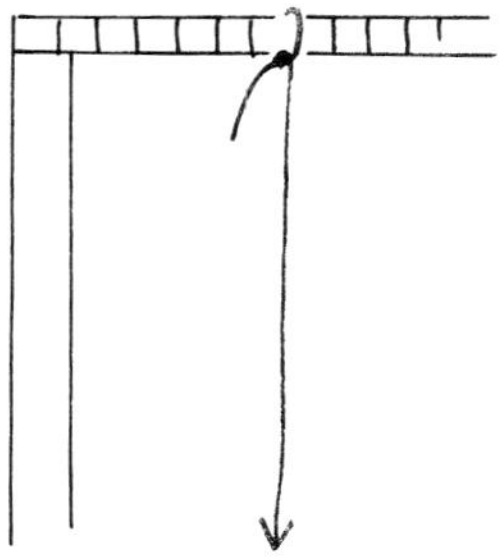

b) Wenn wir hingegen die **ganze Länge** des Webrahmens ausnutzen, braucht der Spannfaden nicht nachgezogen zu werden, denn er wird völlig aufgebraucht (siehe Seite 22). Weil es jedoch **sehr vorteilhaft** ist, wenn allfällige **Nähte** mit dem Anfang und dem Ende des **Spannfadens** ausgeführt werden können, knüpfen wir den Anfang des Spannfadens so an, dass **nach dem Auflösen des Knotens** genügend Fadenlänge vorsteht:

Wir legen vom Faden des Knäuels etwa 30 cm doppelt hin und legen dieses doppelte Stück unter den Holzrahmen, der links von uns liegt (siehe Zeichnung 1).

Mit dem doppelten Fadenstück bilden wir eine Schlinge wie beim Schuhebinden (siehe Zeichnung 2).

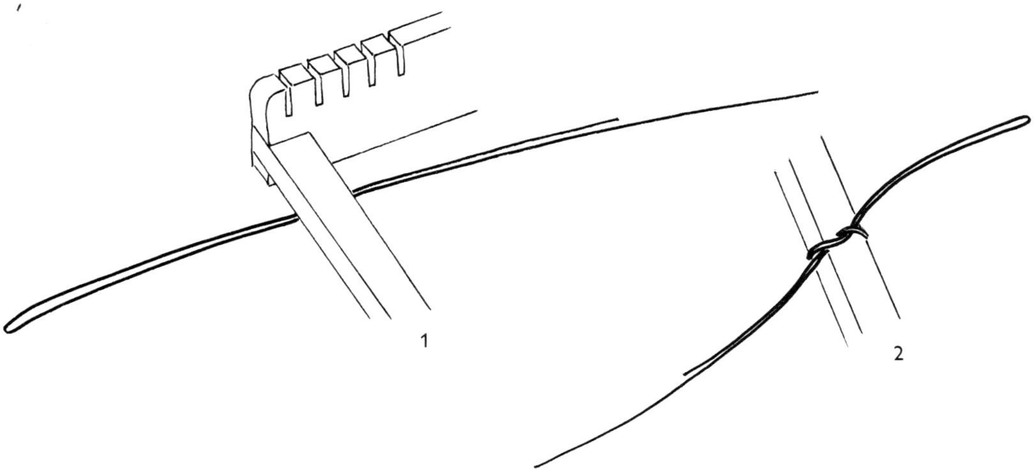

Mit einer zweiten Schlinge, die wir auf die gleiche Weise bilden, verknüpfen wir den Faden und schieben ihn dicht an die obere Querleiste mit den Schlitzen.

Tip Bevor wir die zweite Schlinge anziehen, können wir ein Wollfädchen in die Schlinge schieben (siehe Foto). Wenn wir später die fertige Weberei vom Rahmen nehmen, ziehen wir am Fädchen und können dann den Knoten (mit Hilfe einer stumpfen Wollnadel) besser auflösen.

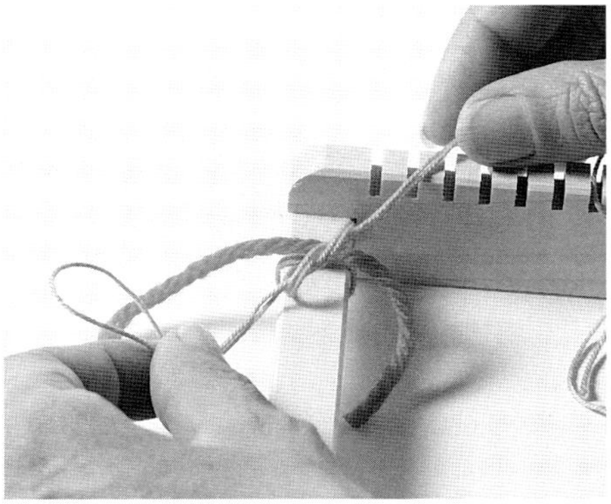

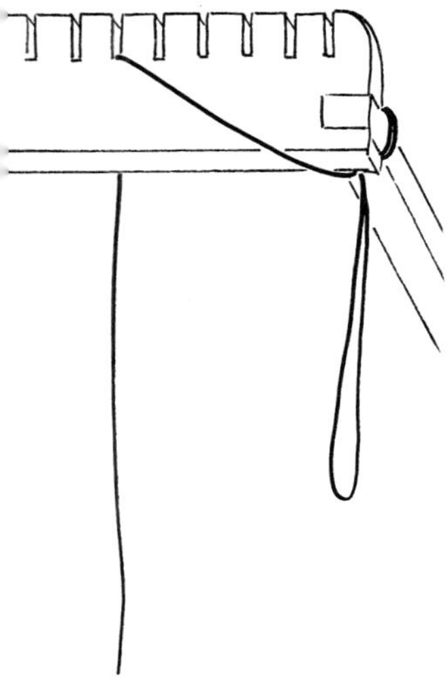

Wir ziehen den Knoten auf die untere Seite des Holzrahmens und führen den Faden des Knäuels durch den ersten Schlitz der gewünschten Webbreite (siehe Zeichnung).

Nun können wir die Längsfäden aufspannen. Natürlich achten wir darauf, dass wir nicht versehentlich schräg anfangen: Wenn der Faden nach dem Anknüpfen (wie auf der Zeichnung) durch den sechsten Schlitz der oberen Querleiste geführt wird, muss er auch durch den sechsten Schlitz der unteren Querleiste weitergeführt werden.

Tip Damit der Garnknäuel während des Aufspannens nicht umherzwirbelt, können wir einen Teil seiner aufgewickelten Fäden zusammenschieben (siehe Foto).

Während des Spannens achten wir darauf, dass wir den Faden **regelmässig gut anziehen.**

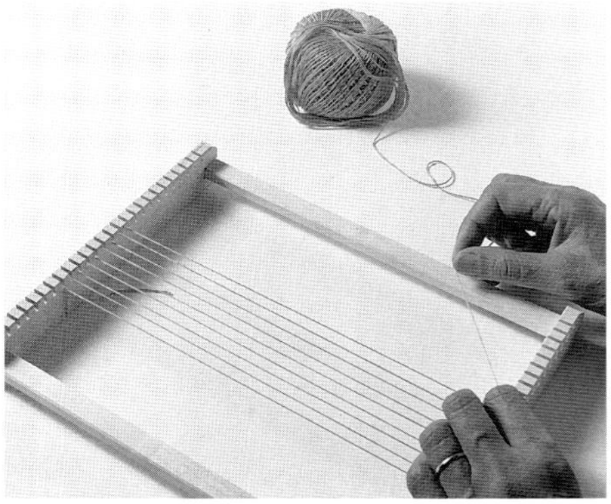

Weil wir eine **ungerade** Spannfadenzahl benötigen (wir erfahren auf Seite 21, weshalb dies sehr vorteilhaft ist), führen wir den Faden des Knäuels zuletzt durch einen Schlitz der **unteren** Querleiste, lassen noch etwa 40 cm vom Faden vorstehen und schneiden ihn ab. Dann wickeln wir das Fadenende **straff** zwischen den unbenötigten Schlitzen hindurch um die Querleiste herum und befestigen es mit einem Stück Klebstreifen (siehe Zeichnung 1).

Wenn wir die Fäden über die **ganze** Breite des Webrahmens spannen, ziehen wir das Fadenende zuletzt **nach unten** um die Querleiste herum und wickeln es um den seitlichen Holzrahmen. (Vorsicht, dass der äusserste Spannfaden nicht mit eingewickelt wird!) und befestigen es mit einem Stück Klebstreifen (siehe Zeichnung 2).

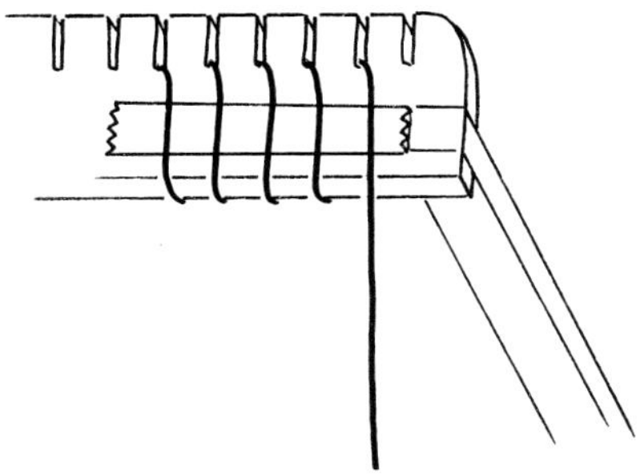
1

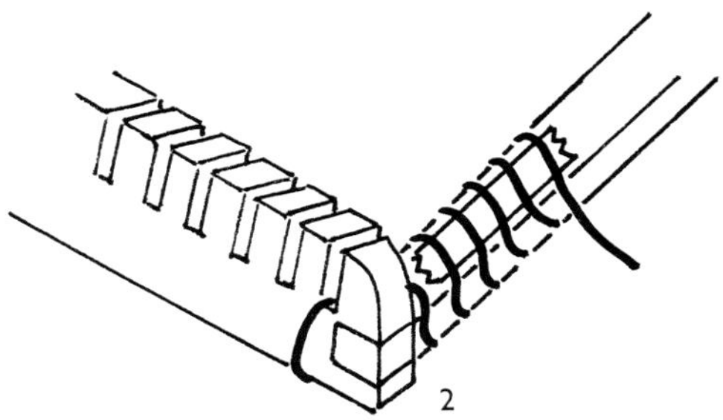
2

Nun legen wir die Spanndrähte so in die Schlitze der äussersten Spannfäden, dass wir die beiden **Holzzäpfchen** am **oberen** Ende des Webrahmens anschrauben können. So vermeiden wir, dass der Webfaden immer wieder an den Holzzäpfchen hängenbleibt.

Die Holzzäpfchen sollten wir nicht mit aller Kraft festdrehen, sondern nur so, dass die Spanndrähte nicht aus den Schlitzen herausgleiten.

Diese Spanndrähte sind nützlich, denn sie verhindern, dass das Webstück seitlich zusammengezogen wird. Trotzdem kommt es vor, dass Kinder die Spanndrähte verbiegen, nämlich dann, wenn sie den Webfaden zu kräftig anziehen. In diesem Fall knüpfen wir die Spanndrähte – mit dem dazugehörenden äussersten Spannfaden – etwa in der Mitte mit einem Garnrest am seitlichen Holzrahmen fest (siehe Foto 1). Sollten uns diese Befestigungsfäden im Verlauf der Arbeit stören, schieben wir sie vorläufig ein wenig nach oben. Weil die Befestigungsfäden aber ihren Zweck nur dann erfüllen, wenn sie die Spanndrähte ungefähr **in der Mitte** festhalten, schieben wir sie dann, wenn das **zusammengeschobene** Webstück halb so hoch ist wie der Webrahmen, zum gewobenen Stück (siehe Foto 2) und weben weiter.

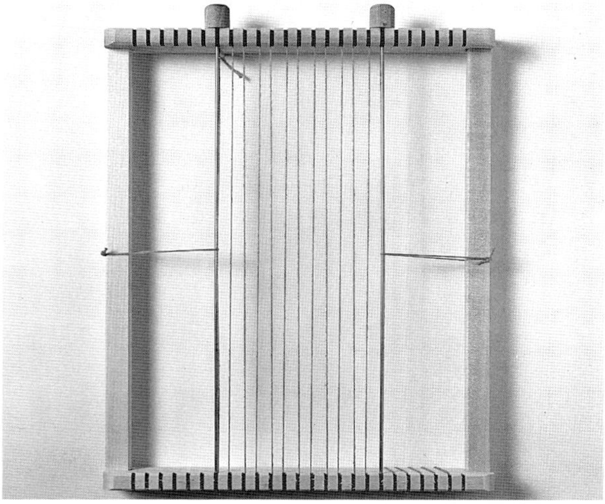

1

2

Bevor wir mit dem Weben beginnen, überlegen wir, ob es vorteilhaft ist, am Webstück die Anfangs- und Endfäden vorläufig seitlich vorstehen zu lassen, ober ob es günstig ist, jeweils in der Mitte der Reihen einzusetzen, damit Webkanten **ohne** heraushängende Fäden entstehen.

Immer dann, wenn später die seitlichen Ränder (also die **Webkanten**) nicht mehr zu sehen sind, weil sie zusammengenäht werden (zum Beispiel an einem Stecknadelkissen oder an Taschen), können wir während des Webens die Fadenenden seitlich vorstehen lassen: Am Stecknadelkissen bilden sie einen kleinen Teil des Stopfmaterials, an Taschen verschwinden sie unter dem Stoffutter.

Wenn wir hingegen beispielsweise ein Nadelbüchlein weben, setzen wir die Fäden jeweils **in der Mitte** des Webstückes ein, damit Webkanten **ohne** heraushängende Fadenenden entstehen.

Im folgenden werden beide Arten beschrieben.

Weben mit seitlich heraushängenden Fadenenden (erste Art)

Diese Art des Webens lernen wir am Beispiel eines Stecknadelkissens kennen, das in gleich breiten Streifen in einer hellen und einer dunklen Farbe gewoben wird. Wir spannen Fäden in der Breite von 13 Schlitzen auf (beidseitig bleiben also je 6 Schlitze leer).

Tip Es ist günstig, vor Beginn des Webens eine Anzahl Fäden gleicher Länge von den Wollknäueln abzuschneiden und bereitzulegen (zum Beispiel in der Länge des Tisches).

Mit Hilfe einer nicht zu dicken, stumpfen Wollnadel fädeln wir den ersten Webfaden in die Webnadel ein. (Es spielt keine Rolle, aus welchem Löchlein der längere Faden heraushängt.)

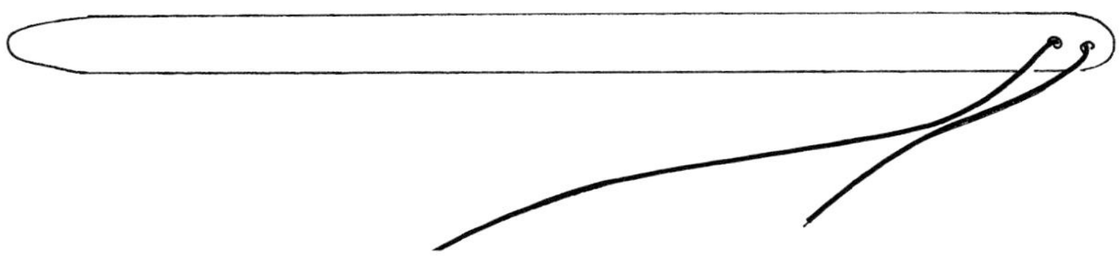

Wir beginnen in der rechten unteren Ecke, schieben die Webnadel **unter** dem ersten Spannfaden (**mit dem Spanndraht**) durch, übergehen den nächsten Faden, fassen den dritten Faden wieder auf und so weiter.

Zuletzt gleitet die Webnadel **unter** dem letzten Spannfaden (**mit dem Spanndraht**) durch (siehe Foto).

Wenn wir nun den Webfaden herausziehen, brauchen wir kein langes Fadenende vorstehen zu lassen. Es genügt, wenn dieses etwa 5 cm lang ist (in unserem Beispiel also bis zum Holzrahmen).

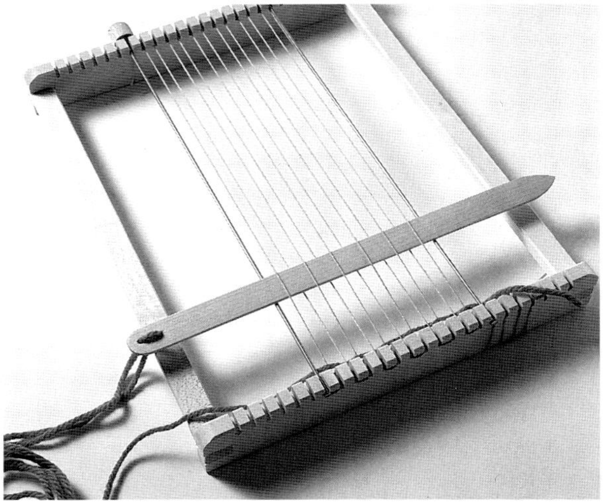

Nun nehmen wir die Webnadel **in die linke Hand** (auch wenn wir mit der Linken nicht so geschickt sind) und weben die folgende Reihe: Der erste Faden, den wir auffassen, liegt **innerhalb** des Spanndrahtes. Dann übergehen wir den nächsten Faden, fassen wieder einen Faden auf und so weiter. Der letzte Faden, den wir auffassen, liegt wieder **innerhalb** des Spanndrahtes (siehe Foto). Wir ziehen den Webfaden heraus und ziehen ihn so an, dass er sich schön um den Spanndraht legt.

Mit der rechten Hand schieben wir die Webnadel nun wieder **unter** dem ersten Spannfaden (mit dem Spanndraht) durch, übergehen den nächsten Faden (wir können diesen jeweils mit dem linken Zeigefinger ein wenig nach unten drücken), fassen den folgenden Spannfaden auf und so weiter. Zuletzt gleitet die Webnadel wieder **unter** dem letzten Spannfaden (mit dem Spanndraht) durch. Wieder ziehen wir den Webfaden so an, dass er sich schön um den Spanndraht (mit dem ersten Spannfaden) legt.

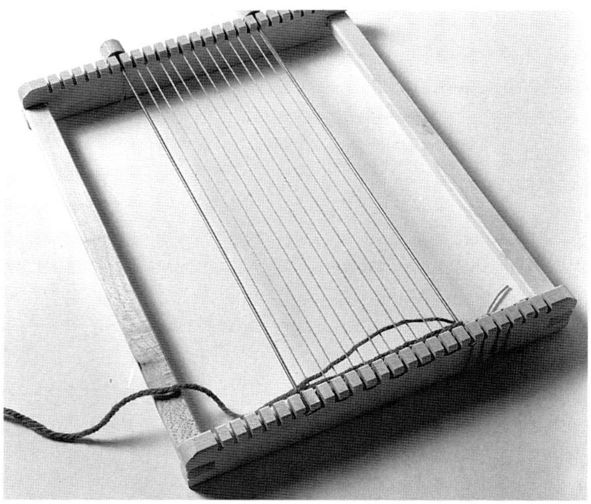

Der Webfaden sollte nicht zu straff, sondern in kleinen Bogen durch die Spannfäden gelegt werden (siehe Foto), aber das ist für kleinere Kinder schwierig. Wenn wir jedoch die Spanndrähte, wie auf Seite 14 beschrieben, gut am Holzrahmen anknüpfen, entsteht dennoch ein erfreuliches Resultat.

Hirtentasche, Topflappen, Halstäschchen und Perlenarmbänder.

Auch das Webfaden**ende** muss nur etwa 5 cm lang sein, das heisst in unserem Beispiel: Der Webfaden kann beim Holzrahmen abgeschnitten werden. Ob sich das Webfaden**ende** auf der gleichen Seite des Webrahmens befindet wie der **Anfang** des Webfadens, spielt keine Rolle. **Den neuen Webfaden hingegen setzen wir immer dort ein, wo der alte aufgehört hat.**

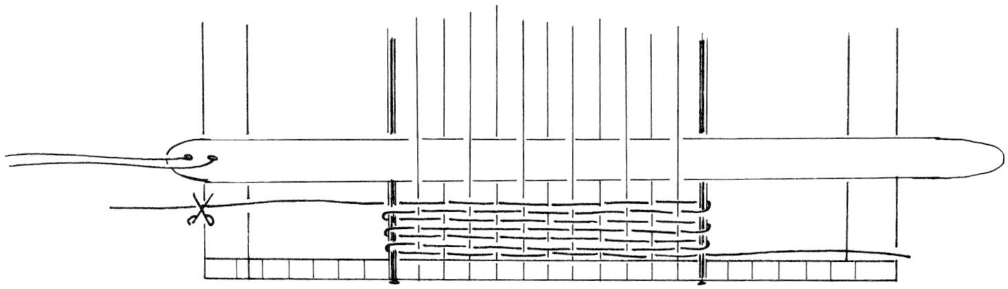

Tip Sollte es einem Kind schwerfallen, die Spannfäden fehlerfrei aufzufassen, können wir diese in zwei verschiedenen Farben aufspannen (siehe Seite 30).

Weben ohne seitlich heraushängende Fadenenden (zweite Art)

Diese Art des Webens lernen wir am Beispiel eines **Nadelbüchleins** kennen, das mit verschiedenen Farben in beliebiger Streifenbreite gewoben wird.

Wir spannen Fäden in der Breite des **ganzen** Webrahmens auf. Wie bei der ersten Art beginnen wir mit dem Weben in der rechten unteren Ecke, fassen also den ersten Spannfaden (mit dem Spanndraht) auf und so weiter. Wenn wir den Webfaden herausziehen, lassen wir wie bei der ersten Art ein Fadenende von etwa 5 cm vorstehen. (Nur am **Anfang** und am **Ende** des Webstückes steht seitlich je ein Fadenende vor; diese beiden werden später in die Webkante hineingezogen.)

Wenn der erste Webfaden zu Ende geht, schieben wir die Webnadel nur noch bis ungefähr zwei Fäden nach der Mitte der Webarbeit (siehe Zeichnung).

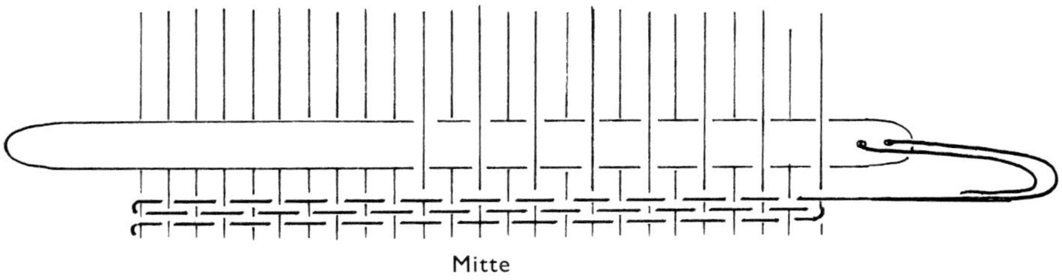

Wir ziehen den Webfaden heraus, schneiden ihn auf etwa 3 cm ab und stossen das Webfadenende über den nächsten Spannfaden auf die Unterseite des Webstückes (siehe Zeichnung).

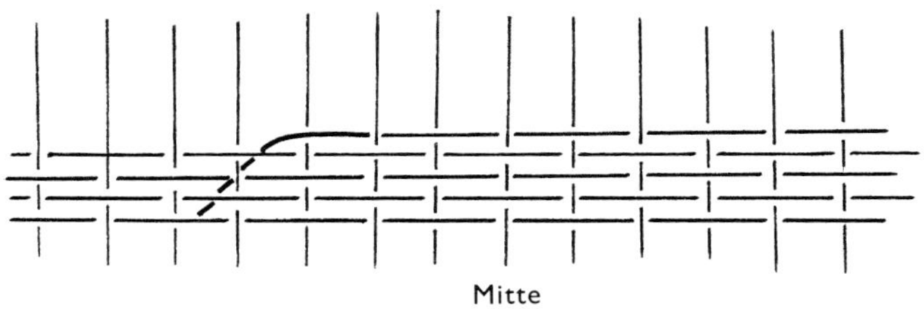

Den neuen Webfaden (die Farbe spielt keine Rolle) setzen wir einige Fäden **vor** dem Ende des vorherigen Fadens ein (siehe Zeichnung).

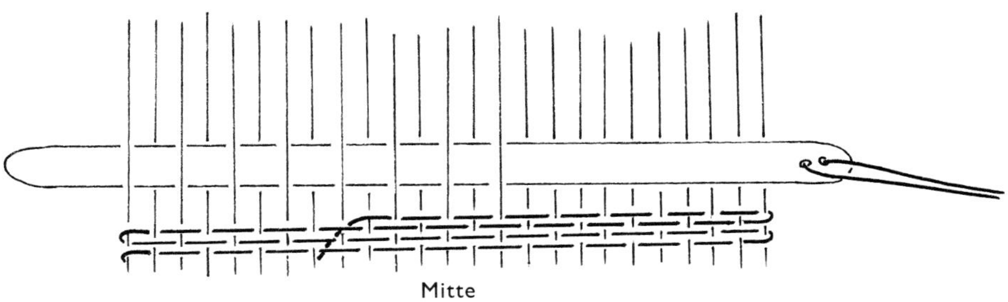

Wir ziehen den Webfaden bis auf etwa 3 cm heraus und stossen das Fadenende über den davor liegenden Spannfaden nach unten (siehe Zeichnung).

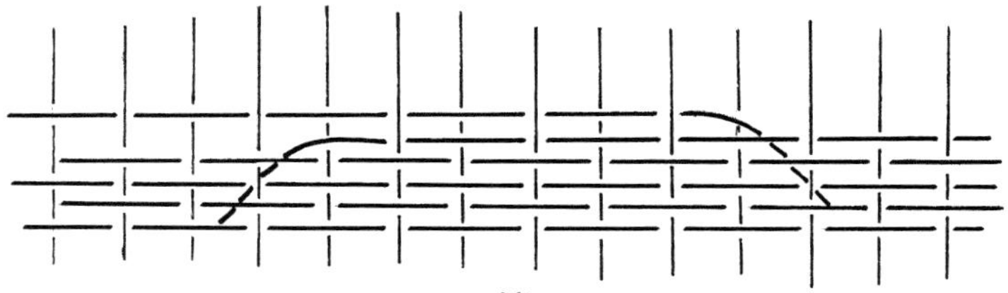

Auf diese Weise werden die Webfadenenden «vernäht», sie können später auf 5 mm abgeschnitten werden.

Natürlich können wir die Fadenenden, statt sie nach unten zu stossen, **auf** der Webarbeit liegen lassen. In diesem Fall haben wir während des Webens die **Rückseite** der Arbeit vor uns, das heisst, die **Unterseite** der Weberei wird die schöne Seite.

Grundsätzlich gilt für beide Arten: Wenn wir von rechts her weben, schieben wir **am Anfang und am Ende** der Reihe die Webnadel **unter** dem Spanndraht mit dem dazugehörenden Spannfaden durch. Wenn wir hingegen von links her weben, fassen wir zuerst und zuletzt die Fäden auf, die innerhalb der Spanndrähte liegen (siehe Zeichnung).

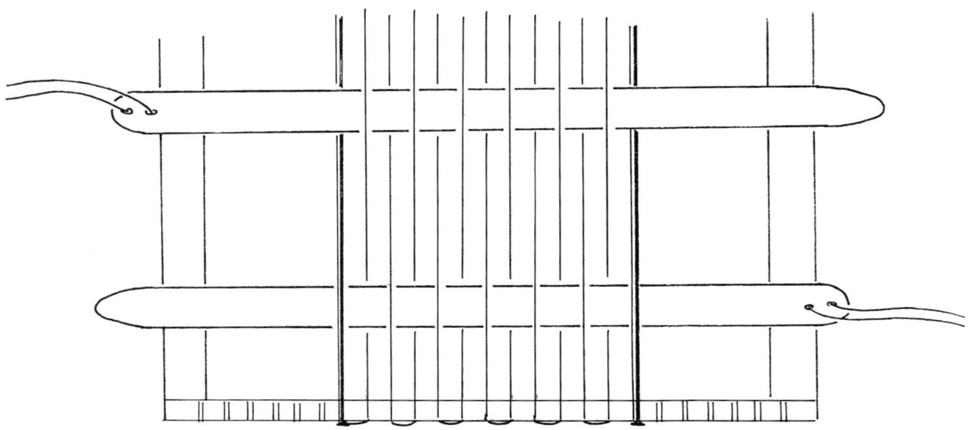

Weben mit zusätzlicher Webnadel

Wenn nun das Kind mit beiden Händen eine gewisse Fertigkeit erreicht hat oder aber auch, wenn es ein wenig ermüdet ist, können wir es mit einem besonderen Trick vertraut machen:

Wir schieben eine zusätzliche Webnadel (ohne Webfaden) so zwischen die Spannfäden, wie wenn wir von **links** her weben würden (siehe Seite 16 oben). Diese Webnadel wird vorläufig nicht mehr herausgenommen, denn sie erleichtert die Arbeit wesentlich: Bevor wir von links her weben, stellen wir diese zusätzliche Webnadel mit der rechten Hand leicht schräg. So können wir die Webnadel mit der linken Hand durch das entstandene Fach schieben (siehe Foto 1).

Jetzt wird klar, warum es vorteilhaft ist, eine **ungerade** Fadenzahl aufzuspannen, denn nur so kommen wir in den Genuss dieses Vorteils.

Von Zeit zu Zeit schieben wir das gewobene Stück mit Hilfe der Webnadel **gut zusammen** (siehe Foto 2), denn nur so sieht der fertige Gegenstand schön aus.

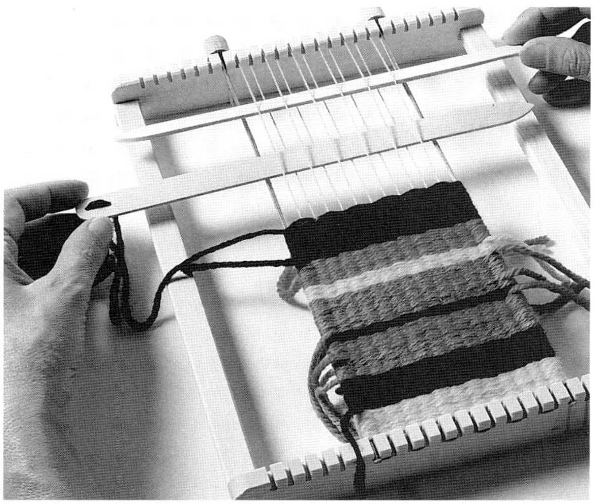
1

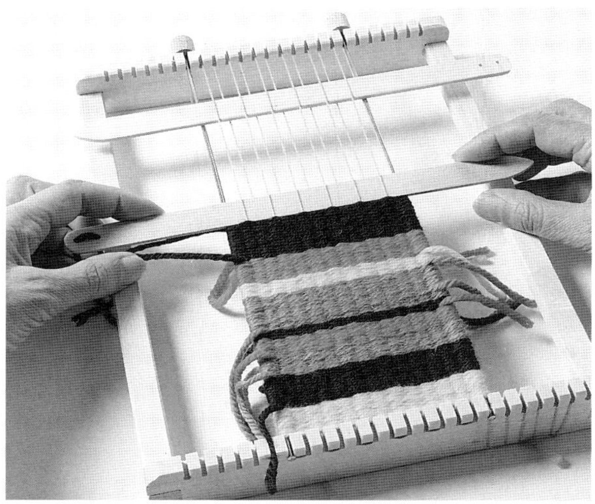
2

Weben und Herauslösen eines Stückes von der Länge des Webrahmens

Wenn wir die **ganze Länge** des Webrahmens ausnützen wollen (zum Beispiel für das Tragkissen eines Püppchens oder für eine Hirtentasche), schieben wir das gewobene Stück **sehr fest** zusammen. Wenn wir das fertige Stück aus dem Rahmen lösen, können die dichtgedrängten Webfäden ohne weiteres auch die Bogen der Spannfäden ausfüllen, die während des Aufspannens durch die Schlitze geführt wurden (siehe Foto 1).

Wir weben – solange es geht – mit Hilfe der zusätzlich eingeschobenen, leeren Webnadel. Sobald sie uns aber behindert, legen wir sie beiseite. Wir schieben das Gewobene noch einmal gut zusammen und weben weiter, solange sich die Webnadel durchschieben lässt.

Für die allerletzten Webreihen nehmen wir eine sehr dicke, stumpfe Wollnadel, eine sogenannte Smyrna-Nadel, zu Hilfe (siehe Foto 2). Dann lassen wir vom Webfaden etwa 5 cm vorstehen und schneiden ihn ab.

1

2

Jetzt legen wir den Webrahmen so vor uns hin, dass das Webende näher bei uns liegt und verteilen mit den Fingerspitzen (eigentlich eher mit den Fingernägeln) die Webfäden so, dass diese vor allem zuunterst und zuoberst sehr dicht beieinander liegen (siehe Foto 3).

3

4

Dann lösen wir den Anfangsknoten mit Hilfe der Wollnadel sorgfältig auf und lösen auch das um den Webrahmen gewickelte Spannfadenende.

Anschliessend nehmen wir die Spanndrähte heraus: Wir schrauben das Holzzäpfchen ab, heben den Spanndraht sorgfältig aus seinem Schlitz und ziehen ihn am Nippel aus dem Webstück (siehe Foto 4). Damit das Holzzäpfchen nicht verlorengeht, schrauben wir es sofort wieder an den leeren Spanndraht.

Wenn wir jetzt das Webstück aus den Schlitzen herausheben, füllen die vorher dicht zusammengeschobenen Webfäden die vorstehenden Bogen der Spannfäden sofort aus, und es entsteht ein tadelloser Webrand (siehe Foto 1).

Weben und Herauslösen eines kleinen Webstückes
Nachziehen der Spannfäden

Wenn wir eine **kleine** Weberei herstellen, also nicht die ganze Länge der Spannfäden benützen, **ziehen** wir nach dem Weben die überschüssige Spannfadenlänge **nach**, damit nicht nur seitlich, sondern auch oben und unten ein schöner Webrand entsteht, der allenfalls auch gut zusammengenäht werden kann.

Wir lernen dies am Beispiel eines Nadelbüchleins: Wenn wir mit dem Weben fertig sind, lösen wir das Webstück vom Rahmen. Wir gehen dabei gleich vor, wie wenn wir ein grosses Stück weben, dürfen jedoch den Anfangsknoten **aufschneiden**.

Damit das Webstück nach dem Nachziehen der Spannfäden die richtige Grösse hat, stellen wir ein einfaches **Schema** her. Auf einem Stück Karton (zum Beispiel auf der Rückseite eines Schreibblocks) bezeichnen wir, vom unteren Rand her gemessen, mit einer Linie die gewünschte Höhe (siehe Zeichnung).

Wir beginnen **ungefähr in der Mitte** und ziehen zuerst die rechte Hälfte – mit Hilfe einer Stricknadel – nach: Wir legen das Webstück auf das Kartonschema und breiten die langen Fadenschlingen der rechten Hälfte, fächerförmig aus, damit sie sich während des Nachziehens nicht ineinander verfangen (siehe Foto 1).

Wir halten nun das Webstück mit der linken Hand so auf dem Kartonschema fest, dass der untere Webrand etwa 1 cm unterhalb des Kartonrandes liegt. Wir fassen mit der Stricknadel einen unteren Spannfadenbogen und ziehen ihn einige Zentimeter weit nach unten (siehe Foto 2).

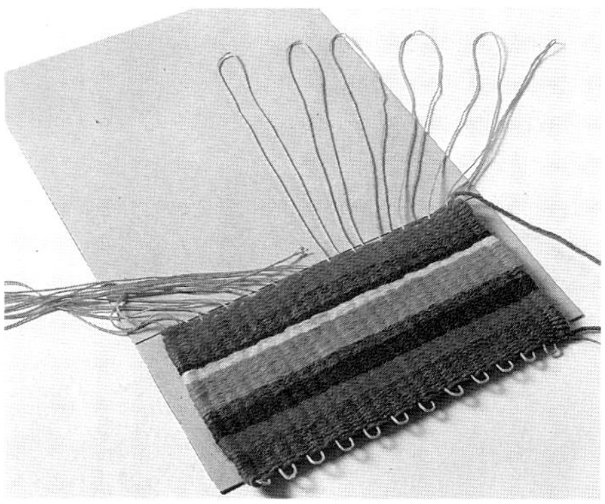

1

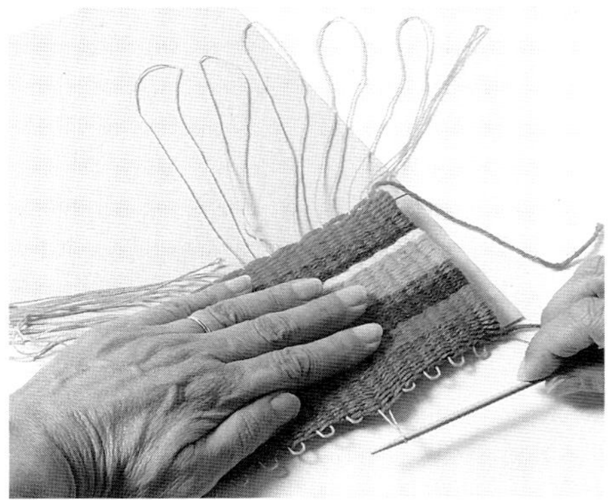

2

Nun legen wir die Stricknadel beiseite und ziehen **nur an der linken Hälfte** (immer wieder nachfassen) des nun vorstehenden Bogens, bis das Webstück so zusammengezogen ist, dass der obere Rand auf die Linie des Schemas zu liegen kommt (siehe Foto 3).

Jetzt ziehen wir **an der linken Hälfte** des oberen Spannfadenbogens, und zwar solange, bis der untere Webrand an den unteren Rand des Schemas gezogen wird (siehe Foto 4).

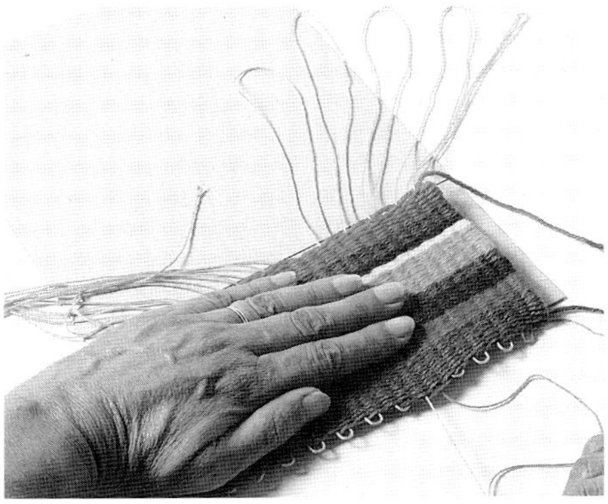

3

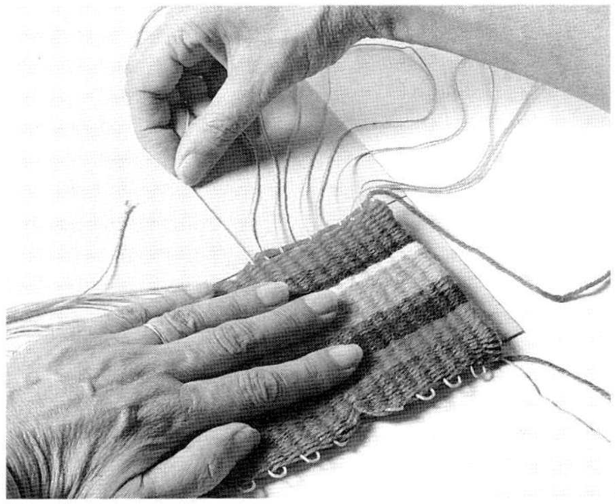

4

Mit der Stricknadel ziehen wir nun den nächstliegenden unteren Spannfadenbogen einige Zentimeter nach unten (siehe Foto 5), legen die Stricknadel beiseite und ziehen **die linke Hälfte** des Spannfadenbogens solange nach, bis der obere Webrand auf die Linie des Schemas zu liegen kommt und so weiter, bis die ganze rechte Hälfte nachgezogen ist (siehe Foto 6).

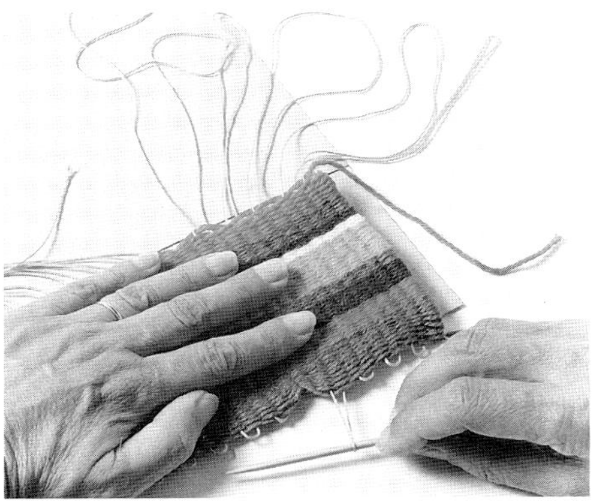

5

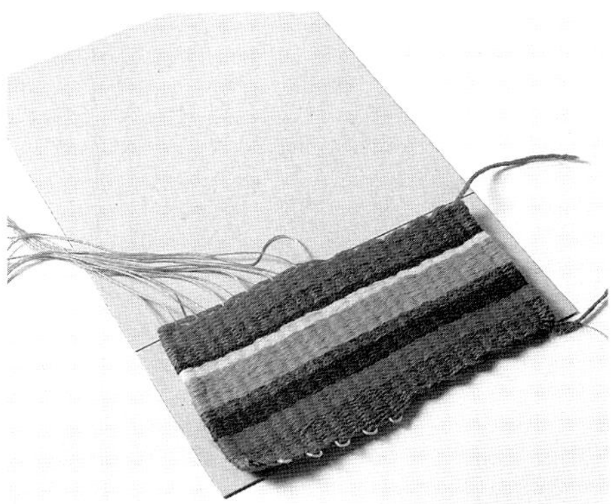

6

Natürlich wird dann die linke Hälfte **von der Mitte aus** ebenso nach aussen nachgezogen.

Vernähen der Spannfadenenden

Wenn wir die Enden der Spannfäden nicht (wie zum Beispiel bei einem Stecknadelkissen) zum Zusammennähen verwenden (siehe Seite 27), **vernähen** wir sie in den seitlichen Webkanten. Wir lassen vom langen herausgezogenen Spannfaden etwa 20 cm vorstehen, schneiden ihn ab und fädeln ihn in eine stumpfe Wollnadel.

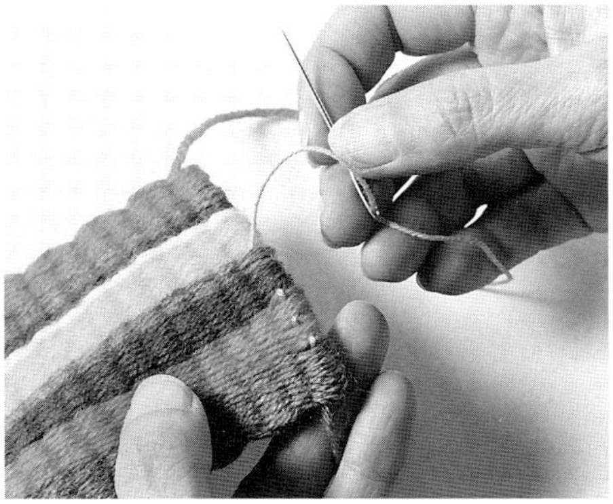

Wir vernähen den Faden – indem wir den Rand zugleich auf die richtige Länge anziehen – mit einigen winzigen Hinterstichen (nur über **einen** Webfaden) in der seitlichen Webkante (siehe Foto). Diese Hinterstiche sind am unauffälligsten, wenn sie in jenen Streifen ausgeführt werden, die der Farbe des Spannfadens am ähnlichsten sind.

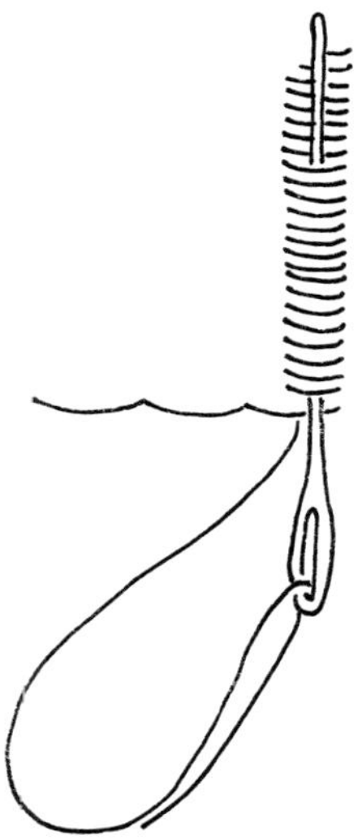

Wichtig: Wir dürfen nicht vergessen, den untersten Faden zu **übergehen**, sonst löst sich die Webkante auf (siehe Zeichnung)!

Anfang und Ende des **Webfadens** ziehen wir (ohne Hinterstiche) ebenfalls in die Webkante hinein.

Zusammennähen der Webkanten

Als Beispiel für diesen Arbeitsgang dient ein Stecknadelkissen, gewoben in gleich breiten Streifen mit einer hellen und einer dunklen Farbe.

Manchmal ist es nötig, nach dem Nachziehen der Spannfäden an allen **Webfaden**enden leicht zu ziehen, damit die Anfangs- und Endreihen der einzelnen Farben im Gewobenen nicht lockerer aussehen (siehe Foto).

Wir schneiden die beiden Spannfäden bis auf etwa 20 cm ab und fädeln den einen in die dicke, stumpfe Wollnadel. Nun halten wir das gewobene Stück doppelt vor uns hin und ziehen am eingefädelten Faden, bis die Webkante die richtige Länge hat (siehe Foto 1). Ein Teil der Webfadenenden (im Beispiel sind es die dunklen) befindet sich bereits auf der Aussenseite. Die anderen Webfadenenden (im Beispiel sind es die hellen) legen wir nun ebenfalls nach aussen: Wenn wir ein wenig daran ziehen, werden sie zwischen den Farbstreifen eingeklemmt (siehe Foto 2).

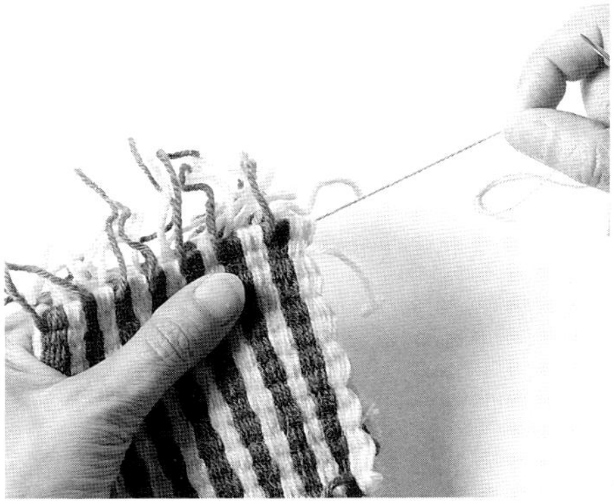
1

2

Wir können die Webkanten auf zwei verschiedene Arten zusammennähen:

- Wenn wir erreichen wollen, dass die Streifen genau aufeinanderpassen, fassen wir mit dem ersten Stich nur die Schlingen der **halben** Streifenbreite auf, und zwar an jener Webkante, an der kein Spannfaden heraushängt (siehe Zeichnung).

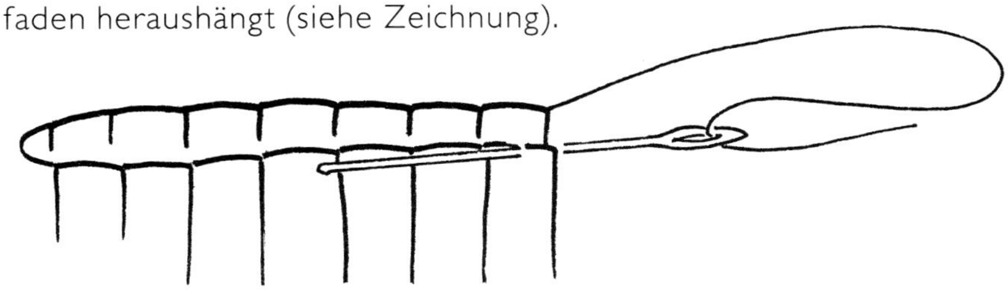

An der gegenüberliegenden Kante fassen wir die Schlingen des **ganzen** ersten Streifens auf (siehe Zeichnung).

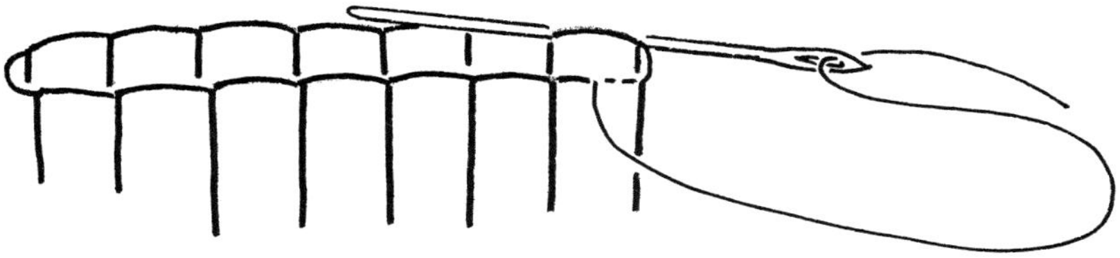

Anschliessend fassen wir an der ersten Kante die Schlingen der zweiten Hälfte des ersten Streifens sowie die Schlingen der ersten Hälfte des zweiten Streifens auf (siehe Zeichnung).

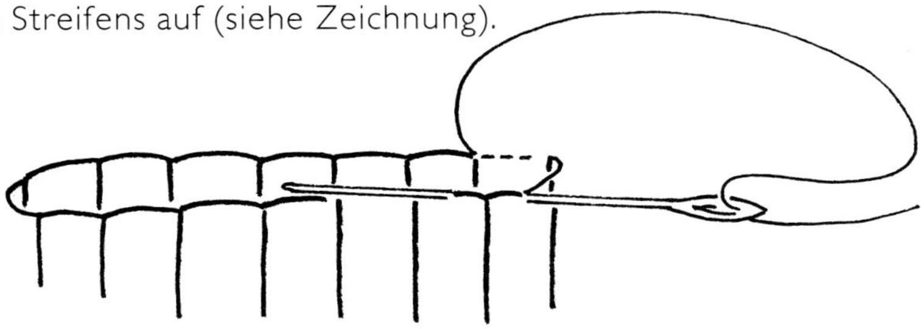

An der gegenüberliegenden Kante fassen wir wieder die Schlingen des ganzen zweiten Streifens auf und so weiter. Wenn wir auf diese Weise nähen, treffen die Streifen genau aufeinander. Die Naht sieht jedoch recht auffällig aus (siehe Foto 1).

- Wenn wir von Anfang an jeweils an **beiden** Kanten die Schlingen eines **ganzen** Streifens auffassen, weist die Naht leicht verschobene Farbstreifen auf (siehe Foto 2). Wir wählen die Art, die uns besser gefällt.

1

2

Zuletzt ziehen wir den Faden noch einmal gut an und vernähen ihn mit kleinen Hinterstichen (siehe Foto 3).

3

Nachdem die zweite Webkante ebenfalls zusammengenäht ist, stülpen wir die Innenseite des Stecknadelkissens nach aussen und stopfen es aus. Wenn wir dafür **Woll**fadenreste verwenden, können eingesteckte Nadeln nicht rosten.

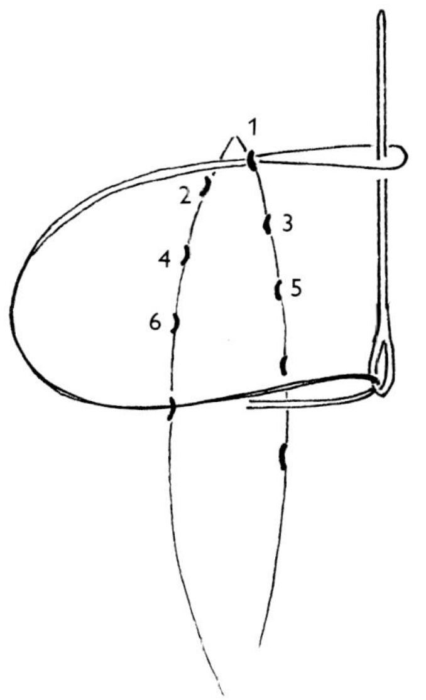

Wir fädeln nun ein etwa 40 cm langes Stück des **Spann**fadens doppelt in die dicke, stumpfe Wollnadel und stechen durch die kleine Spannfadenschlinge, die sich dicht neben der Naht befindet. Wir ziehen nun den Faden soweit heraus, dass wir dessen Schlinge auffassen können (siehe Zeichnung). Anschliessend fassen wir abwechselnd an beiden Kanten die kleinen Fadenschlingen auf (siehe Foto 1), ziehen den Faden gut an und vernähen ihn mit kleinen Hinterstichen.

Wenn wir die Webkanten eines einfarbigen Webstückes zusammennähen möchten, gehen wir folgendermassen vor: Wir fädeln den vorstehenden Spannfaden in die dicke, stumpfe Wollnadel und ziehen an diesem Spannfaden, bis die Webkante die richtige Länge hat (siehe Foto 2). Wir stecken die Webkanten mit Stecknadeln zusammen.

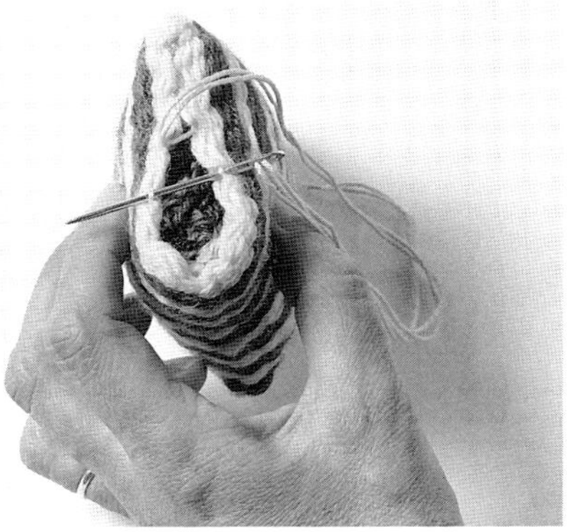
1

2

Dann fassen wir an einer Kante (es ist diejenige, an der kein Spannfaden heraushängt) die ersten 3–4 Schlingen auf, an der anderen Kante die ersten 6–8 Schlingen. Jeder neue Stich endet nun immer etwas weiter vorn als der vorherige Stich an der gegenüberliegenden Kante (siehe Foto 3).

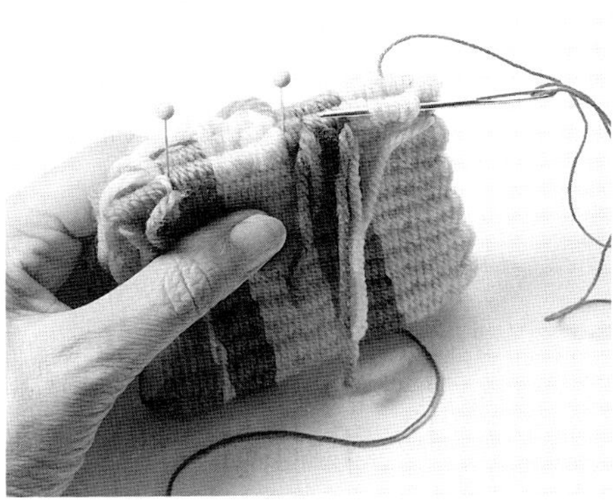
3

Einige Tips

Zweifarbig aufspannen

Hin und wieder kommt es vor, dass ein Kind Mühe hat, die Spannfäden abwechselnd aufzufassen.

Eine kluge Person gab mir den Rat, in einem solchen Fall die Spannfäden **in zwei verschiedenen Farben** aufzuspannen. Und meine Idee war es dann, für eine Farbe – für die **erste**, denn die zweite kann mit der zusätzlichen Webnadel angehoben werden – die **Lieblingsfarbe** des Kindes zu verwenden.

Für das zweifarbige Aufspannen wird wohl eher eine kleine Arbeit in Frage kommen. Wir können also den Lieblingsfaden am oberen Ende des Webrahmens im ersten Schlitz der gewünschten Webbreite anknüpfen (siehe Zeichnung).

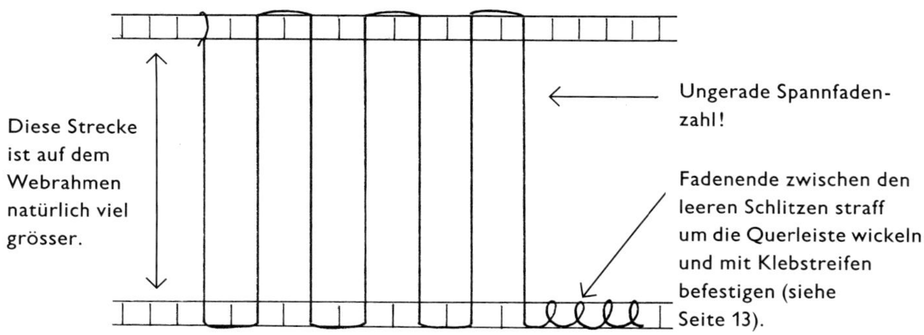

Den **zweiten Faden** (einer anderen Farbe) knüpfen wir neben dem ersten an (in der Zeichnung – – –).

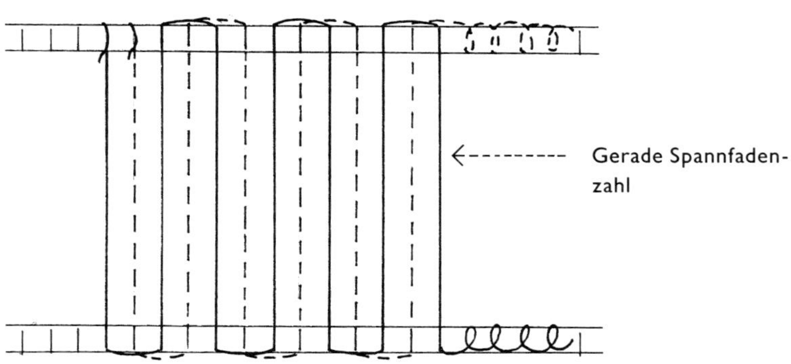

Das **Nachziehen der Spannfäden** – zuerst die erste, dann die zweite Farbe – ergibt allerdings kein besonders schönes Resultat. Wir können die Spannfäden jedoch auch am oberen und unteren Rand der Webarbeit **verknüpfen**.

Verknüpfen der Spannfäden

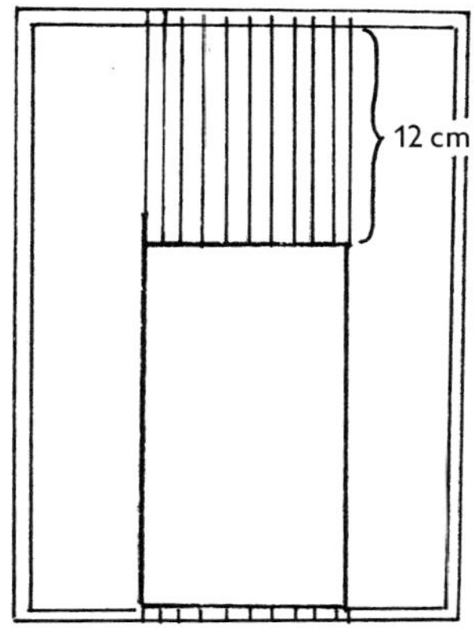

Damit die einzelnen Knoten ohne Mühe ausgeführt werden können, braucht es eine Fadenlänge von mindestens 7 cm. Und weil die Knoten am oberen **und** am unteren Rand gemacht werden, sollten oberhalb des fertigen Webstückes noch mindestens 12 cm lange Spannfäden übrigbleiben (siehe Zeichnung). Wenn wir dann die Webarbeit aus den Schlitzen lösen, ergibt sich die benötigte Fadenlänge von 14 cm.

Wir schieben das gewobene Stück mit den Fingerspitzen, eigentlich mit den Fingernägeln, in die Mitte des Rahmens, fädeln einen Garnrest in die stumpfe Wollnadel und «sichern» die Kanten: Wir stechen zwischen dem ersten und dem zweiten Faden mindestens 1 cm tief ins gewobene Stück, ziehen den Faden fast ganz heraus und knüpfen das Fadenende an (siehe Foto 1). Mit einigen Überwindlungsstichen (im Abstand von 2 Spannfäden) befestigen wir so den oberen und den unteren Webrand. Mit zwei eingeschobenen Webnadeln schieben wir das Gewobene noch einmal auf seine richtige Höhe zusammen (siehe Foto 2) und lösen dann die Webarbeit aus dem Rahmen.

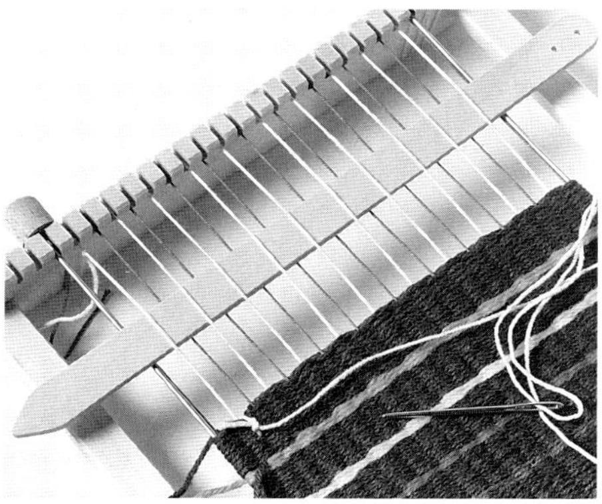
1

2

Jetzt schneiden wir die Spannfäden so entzwei, dass gleich lange Fäden entstehen (siehe Foto 1).

Mit jeweils 2 Fäden bilden wir eine Schlinge und ziehen sie mit Hilfe der stumpfen Wollnadel sorgfältig an den Webrand (siehe Foto 2). Dann schneiden wir die Fäden etwa 1 cm ausserhalb der gut angezogenen Knoten ab.

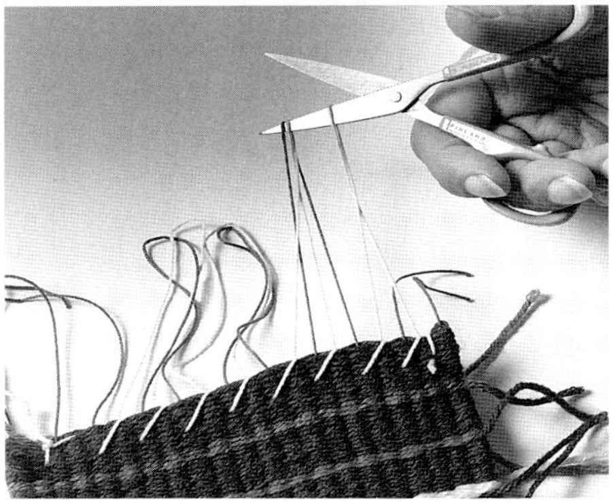
1

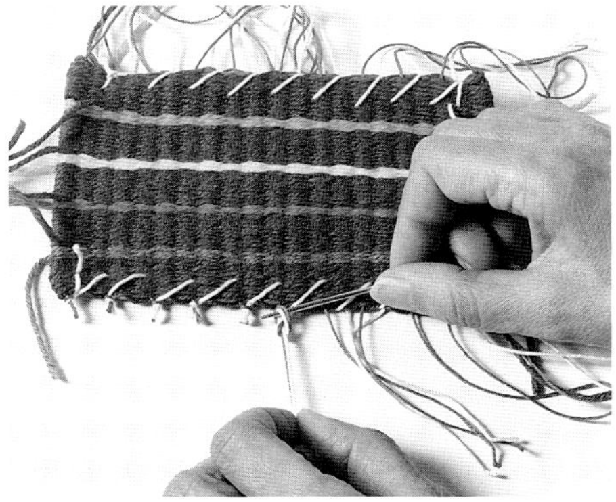
2

Befestigen der Spanndrähte

Sollten die Spanndrähten immer wieder aus ihren Schlitzen hinausrutschen, binden wir sie mit einem Garnrest am Webrahmen fest (siehe Foto).

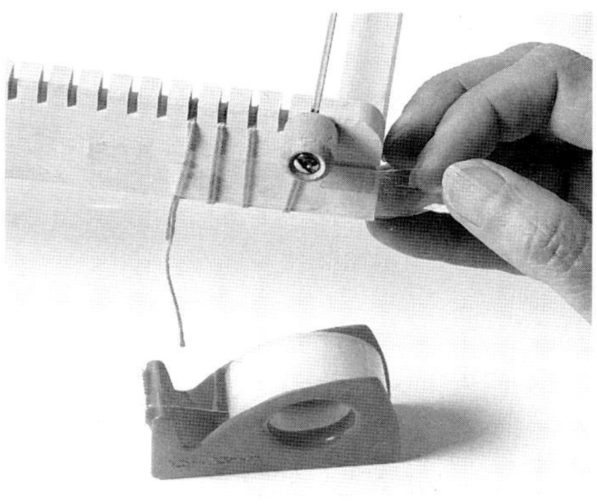

Abgebrochener «Zahn»

Wenn am Webrahmen ein «Zahn» herausbricht, können wir diesen zum Beispiel durch eine Büroklammer ersetzen. Natürlich muss diese mindestens so hoch sein wie der Webrahmen. (Büroklammern Nr. 105 eignen sich gut.)

- Wir biegen die Büroklammer mit den Fingern so zurecht, dass die beiden Bogen ungefähr parallel verlaufen.
- Mit einer kleinen Flachzange drücken wir die beiden Bogen einzeln soweit zusammen, dass sie **nicht mehr breiter** sind als ein «Zahn» des Webrahmens (siehe Foto 1).
- Wir pressen nun die beiden Bogen mit den Fingern ein wenig gegeneinander, so dass die Klammer von selbst am Webrahmen festhält. Es genügt, wenn wir die beiden Bogen mit je einem Stück Klebstreifen befestigen (siehe Foto 2).

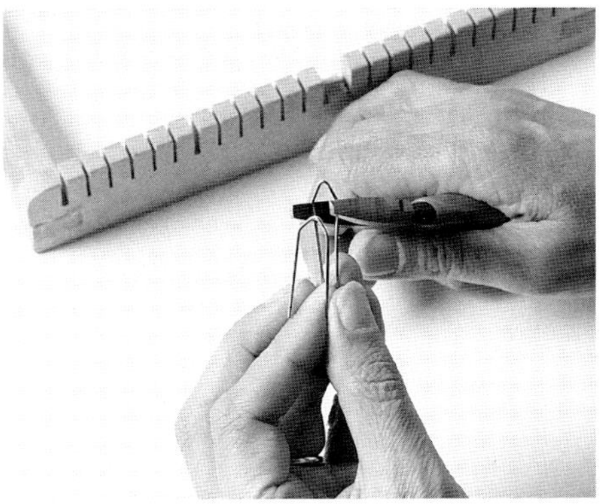
1

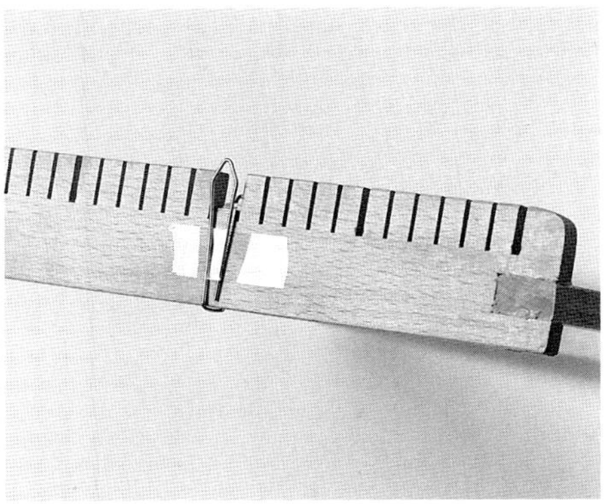
2

Mehrfarbig weben

Streifenmuster

Foto 1 zeigt einige Beispiele von einfachen Musterstreifen.

Wenn wir verschiedenfarbige Streifen weben möchten, müssen wir darauf achten, dass sich die Fäden an den Webkanten, also **ausserhalb der Spanndrähte**, umeinander herum legen (siehe Foto 2).

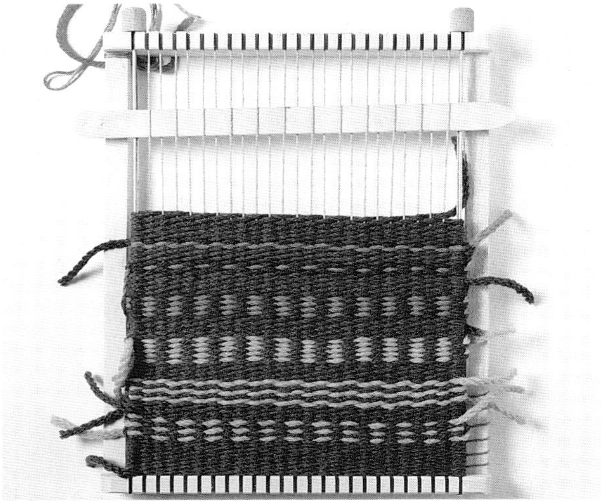

1

2

Beim Einfarbig-Weben wird stets dann, wenn wir von **links** her weben, die Webnadel durch das Fach geschoben, das mit Hilfe der zusätzlichen Webnadel gebildet wird. Wenn wir jedoch mit mehr als einer Farbe weben, wird diese Regel aufgehoben, weil oft zwei Webfäden nacheinander von der gleichen Seite her eingewoben werden. Das Fach dient uns weiterhin für jede zweite Reihe, ob wir nun von links oder von rechts her weben.

Für ein dickes, zopfähnliches Muster (siehe Hirtentasche Seite 52) schneiden wir von der Webwolle ein Stück von 2,40 m ab und legen es **dreifach**.

Mit den Fingerspitzen stossen wir den dreifachen Faden unter dem Spanndraht (mit dem dazugehörenden Spannfaden) hindurch. Dann übergehen wir immer 3 Spannfäden und fassen den nächsten auf. Zuletzt schieben wir die Fäden unter dem anderen Spanndraht (mit dem dazugehörenden Spannfäden) durch und ziehen ihn etwa 5 cm weit heraus. Die drei Fäden sollten locker und schön nebeneinanderliegen (siehe Foto 1).

Auf Foto 2 sehen wir, wie der dreifache Faden im weiteren zwischen den Spannfäden durchgeführt wird.

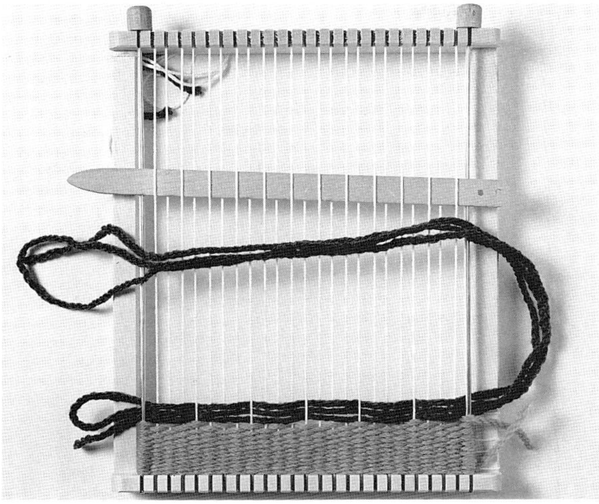
1

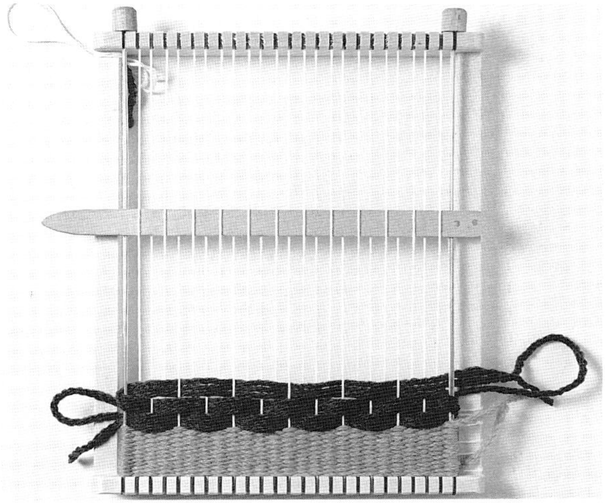
2

Bildweben

Selbstverständlich können wir auf diesem Webrahmen auch einfache **Bildwebereien** herstellen. Weil die Fäden im Abstand von 8 mm gespannt sind, kommen nur einfache, grossflächige Motive in Frage. Zwischen den einzelnen Farben entstehen in der Längsrichtung **Schlitze** (Kelim-Technik), die oft mehrere Zentimeter lang sind. Das fertige Webstück ist also nicht strapazierfähig.

Was könnten wir mit einer solchen Weberei machen? Mit einem einfachen Rahmen versehen und als Bild aufhängen? Eigentlich mag ich Gebasteltes, das schliesslich nur aufgehängt oder hingestellt werden kann, nicht besonders. Diese Art zu weben ist jedoch so unterhaltsam, dass uns vielleicht doch noch ein Verwendungszweck einfällt. Wenn wir nämlich die Schlitze, wie auf Seite 29 beschrieben, zusammennähen, entsteht ein solideres Webstück. Es liesse sich vielleicht als kleine Wolldecke für den Puppenwagen, als Teppich für eine Puppenstube oder als Vorderseite einer gefütterten Hirtentasche verwenden.

Für die **Spannfäden** brauchen wir 6faches Baumwollgarn, für die **Webfäden** dicke Wolle in den gewünschten Farben. Ausser den Webnadeln aus Holz brauchen wir mehrere dicke, stumpfe Wollnadeln, sogenannte Smyrna-Nadeln.

Auf einem Blatt Papier, das so gross ist wie das Innere des Webrahmens (19 × 25 cm), zeichnen wir ein einfaches Motiv auf (siehe Zeichnung).

Es ist von Vorteil, wenn am unteren Rand eine Fläche über die **ganze** Webbreite gezeichnet wird (Boden, Wiese, See). Auf dieser Webfläche schieben wir dann die Webfäden besonders dicht zusammen, damit nach dem Herauslösen der fertigen Arbeit die Spannfädenbogen ausgefüllt werden (siehe Seite 22). Dasselbe gilt auch für das **Ende** der Webarbeit.

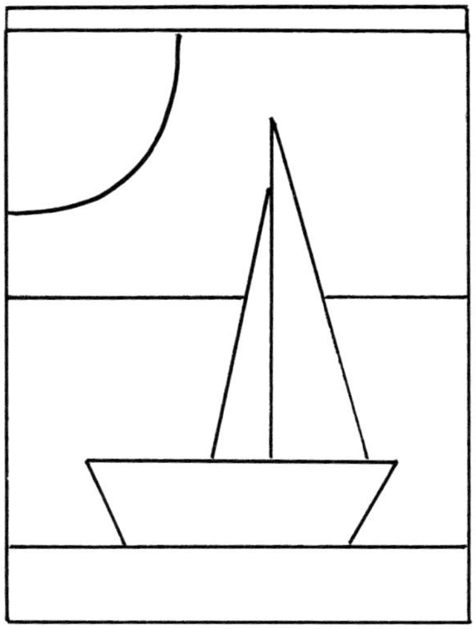

Allerdings ist es wegen der grossen Abstände zwischen den Spannfäden nicht möglich, die Motive genau so zu weben, wie sie gezeichnet sind.

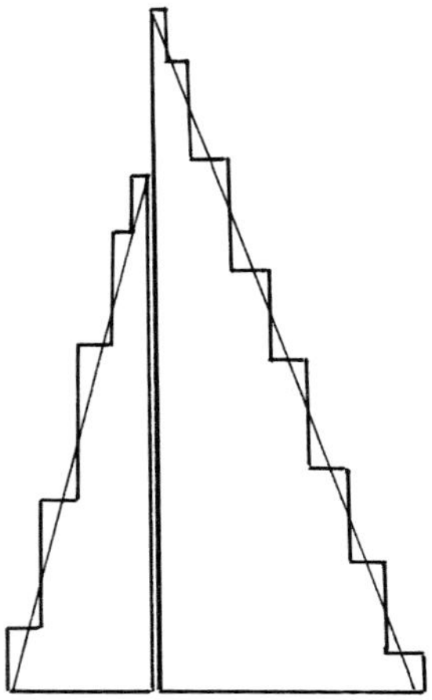

Die spitzen Segel auf der Zeichnung werden im Gewobenen eine treppenartige Kontur erhalten, und die Sonne wird nicht rund sein, sondern gezackt.

Wenn wir die Spannfäden nach der unter b), Seite 11, beschriebenen Art **aufspannen**, müssen wir diese **sehr gut** anziehen.

Wir legen eine zusätzliche Webnadel ein (siehe Seite 21) und weben die unterste Fläche.

Wir können im folgenden die Fadenenden jeweils nach unten stossen (siehe Seite 19) oder auf der Oberseite vorstehen lassen. In diesem Fall wird die **Unterseite** des gewobenen Stückes die schöne Seite; das Bild erscheint also **seitenverkehrt**.

Wenn die unterste Fläche (im Beispiel ist es der See) fertig gewoben ist, schieben wir die Zeichnung unter das Webstück und befestigen sie mit 2 Stecknadeln am bereits gewobenen Stück.

Emanuel beim Bildweben, Sandro beim Entwerfen, Roger webt Streifenmuster für eine Hirtentasche.

Nun weben wir das nächste Motiv, das in der Mitte der Webbreite liegt, im Beispiel also den Schiffsrumpf, dann die Wiese, die daneben liegt. Anschliessend weben wir ungefähr die halbe Höhe der Segel und wieder die Wiese und so weiter. Wir halten uns, so gut es eben geht, an die Vorlage. Den Schiffsrumpf weben wir noch mit der Webnadel, anschliessend brauchen wir nur noch die Smyrna-Nadeln.

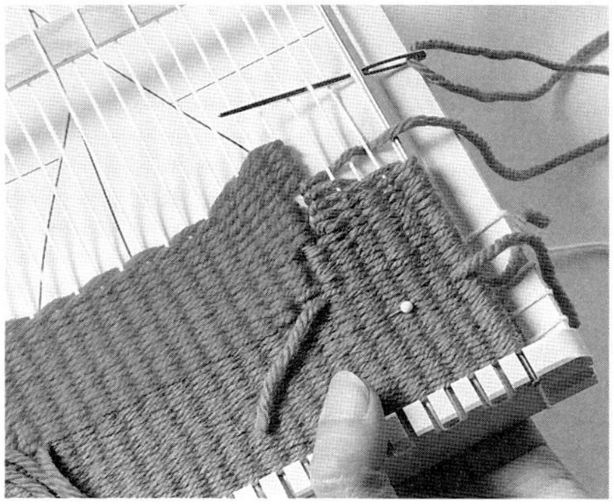

Wenn wir eine Fläche weben, die neben ein bereits gewobenes Stück zu liegen kommt, zählen wir jeweils die Randschlingen des bereits gewobenen Stückes und weben mit der neuen Farbe gleich viele Reihen, bevor wir um einen Spannfaden weiterrücken (siehe Foto). Dies gilt natürlich nur bei gleicher Wolldicke.

Für eine schmale Linie (im Beispiel die Spitzen der Segel) können wir einen einzelnen Spannfaden lose umwickeln und das Fadenende später vernähen.

Auf diesem Webrahmen lassen sich auch auf andere Weise Bilder gestalten. Wenn wir zum Beispiel dicke Spinnwolle verwenden, können die einzelnen Webreihen geformt und durch Stickstiche ergänzt werden (siehe Foto).

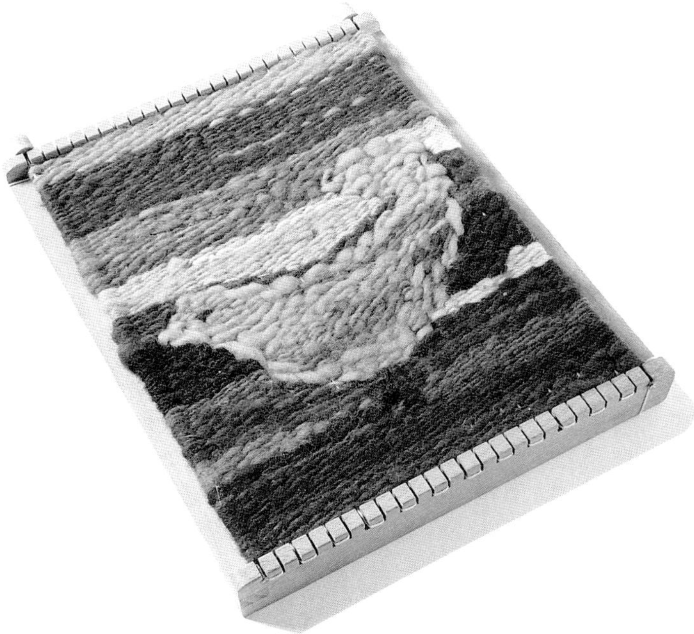

Beispiele für Webarbeiten

Wichtig: **Masszahlen** (z. B. **7 cm** Höhe für ein Nadelbüchlein) beziehen sich immer auf ein **gut zusammengeschobenes** Webstück (siehe Foto).

Nadelrolle

Aus der allerersten Webarbeit eines Kindes könnten wir eine Nadelrolle herstellen.

Anknüpfen siehe a), Seite 11
Aufspannen über die mittleren 13 Schlitze (beidseitig bleiben also je 6 Schlitze leer).
Weben nach der zweiten Art (siehe Seite 18), und zwar 15 cm hoch. (Wir könnten auch nach der ersten Art weben, alle seitlich vorstehenden Fäden auf ca. 2 cm abschneiden und als Fransen stehen lassen.)
Nachziehen der Spannfäden, Linie auf dem Schema bei 15 cm (siehe Seite 23 ff.).

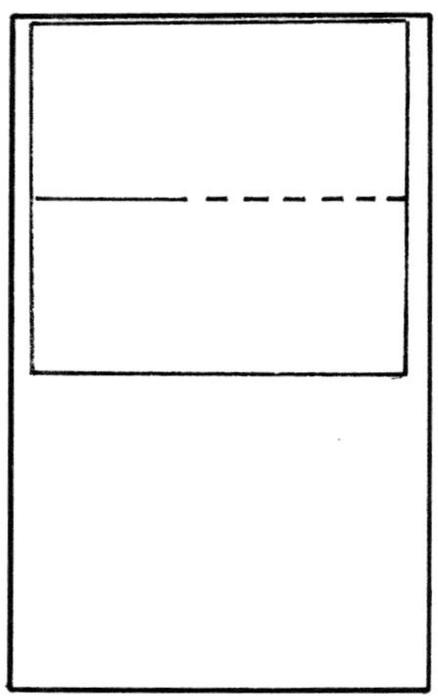

Für die **Einlage** brauchen wir ein Stück Filz, 8 × 8 cm gross. Wir zeichnen darauf eine Mittellinie ein, legen das Filzstück auf das **Webende** (dieses ist meist ein wenig schmaler als der Anfang) und nähen es auf der Mittellinie an (siehe Zeichnung).

1

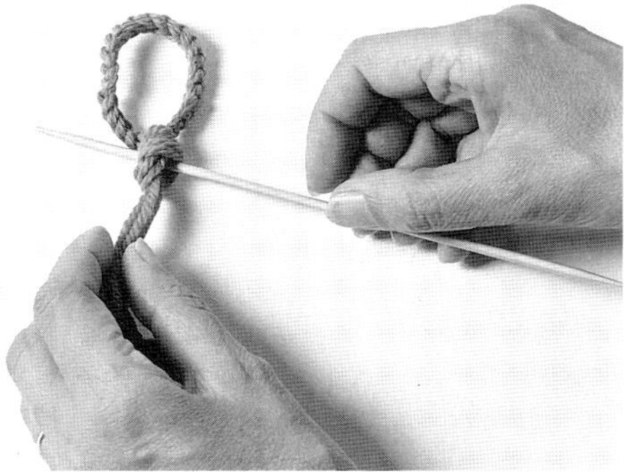

2

Das Filzstück wird umgeklappt. Darüber stecken wir Wollnadeln ein und in das Filzstück die Nähnadeln (siehe Foto 1). Diese Nadeln werden eingerollt.

Für den **Verschluss** schneiden wir von der Webwolle ein Stück von 2 m Länge ab und legen es doppelt. Etwa 10 cm von einem Ende entfernt, schlagen wir auf eine Häkelnadel Nr. 3 oder 4 eine Masche an und häkeln eine Luftmaschenschnur von 13 cm Länge. Wir bilden mit den vier Fadenenden eine Schlinge und ziehen diese mit Hilfe einer dicken Nadel an die Enden der Luftmaschenschnur (siehe Foto 2). Wir machen einen zweiten Knoten und schneiden die Fäden auf ca. 1½ cm ab.

Quadratisches Stecknadelkissen Seitenlänge ca. 9,5 cm

Anknüpfen siehe a), Seite 11.
Aufspannen über die mittleren 13 Schlitze (beidseitig bleiben also je 6 Schlitze leer), 19 cm hoch weben, oder
Aufspannen über die ganze Breite und 9,5 cm hoch weben.
Weben nach der ersten Art (siehe Seite 15).
Nachziehen der Spannfäden und **Zusammennähen** siehe Seite 23 ff.

Nadelbüchlein

Unser Nadelbüchlein besteht aus 3 unterschiedlich grossen Lagen: Am grössten ist der gewobene «Buchumschlag», etwas kleiner eine gewobene Einlage für Wollnadeln, und noch etwas kleiner ist eine Einlage aus Filz für die Nähnadeln.

Buchumschlag

Anknüpfen siehe a), Seite 11.
Aufspannen über die ganze Breite des Webrahmens.
Weben nach der zweiten Art (siehe Seite 18), und zwar 9 cm hoch.
Nachziehen der Spannfäden (siehe Seite 23 ff.), Linie auf dem Schema bei 9 cm.

Gewobene Einlage

Anknüpfen (siehe a), Seite 11.
Aufspannen über 21 Schlitze (beidseitig bleiben also je 2 Schlitze leer).
Weben wie Buchumschlag, jedoch nur 8 cm hoch.
Nachziehen der Spannfäden: Linie auf dem Schema bei 8 cm.

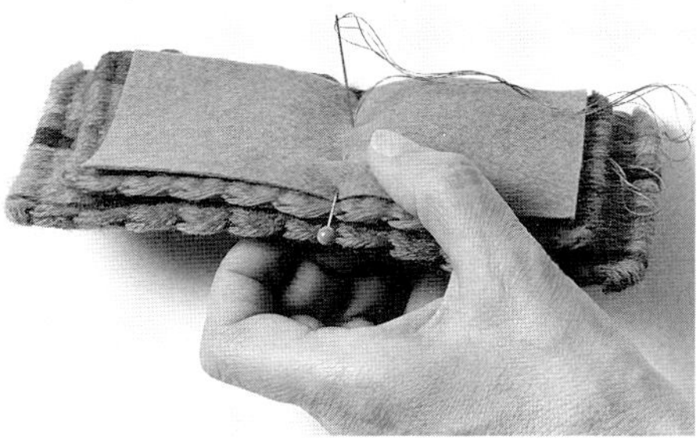

Die Einlage aus **Filz** ist 14 × 7 cm gross. Wir zeichnen eine Mittellinie ein.

Die 3 Teile werden aufeinandergelegt, zusammengesteckt und auf der Mittellinie zusammengenäht (Vorstiche, auf und ab stechen, siehe Foto).

Tragkissen für ein Püppchen

Anknüpfen siehe b), Seite 11.
Aufspannen über die mittleren 13 Schlitze (beidseitig bleiben also je 6 Schlitze leer).
Weben nach der zweiten Art (siehe Seite 18), und zwar über die **ganze** Länge des Webrahmens (siehe Seite 22).
Für das Kissen ca. 5 cm umbiegen, das restliche Webstück ebenfalls doppelt legen (siehe Zeichnung). Die Faden**enden** liegen natürlich **innen**.

Der vorstehende Spannfaden A befindet sich an der linken unteren Ecke des Kissens (siehe Zeichnung). Wir fädeln ihn in die dicke, stumpfe Wollnadel ein und ziehen ihn so an, dass die Webkante die richtige Länge aufweist. Wir nähen zuerst die seitliche Naht des Kissens bis zur oberen Ecke (1), stechen mit der Nadel unter der Naht an die Ausgangsstelle zurück (2) und nähen die Naht bis zum unteren Rand (3).

Mit dem Spannfaden B, nähen wir zuerst die Naht bis zum unteren Rand (1), stechen mit der Nadel unter Naht hindurch an die Ausgangsstelle zurück (2) und nähen die seitliche Naht des Kissens (3). Wenn der Faden noch lang genug ist, stechen wir unter der Naht hindurch wieder an die Ausgangsstelle (2) zurück, stopfen das Kissen ein wenig aus und nähen es in Querrichtung zusammen. Andernfalls nehmen wir dafür einen neuen Arbeitsfaden.

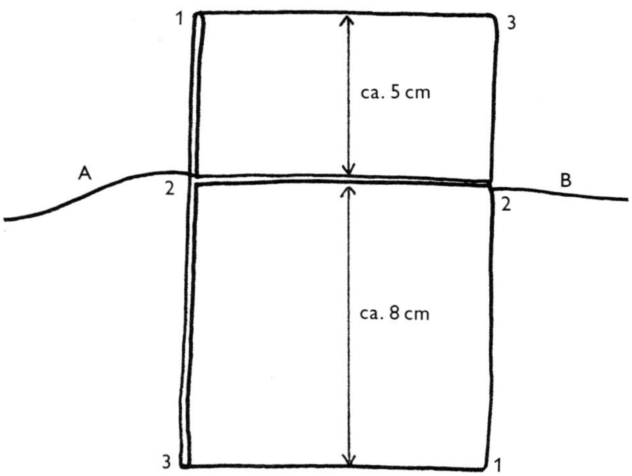

Flohtäschchen, Stecknadelkissen, Nadelrolle, Nadelbüchlein, Tragkissen und «Faulenzer»-Etui.

Flohspiel

Für dieses lustige Spiel brauchen wir je etwa 25 «Flöhe» in sechs verschiedenen Farben und einen Würfel, der wie ein Kreisel gedreht werden kann. Wenn er umkippt, sind nicht, wie sonst üblich, Punkte zu sehen, sondern eine der folgenden Aussagen: «gib 1», «nimm 2», «jeder gibt», «gib 2», «nimm 1», «nimm alles».

In die Mitte des Tisches wird ein kleiner Behälter gestellt, in den – je nachdem, was der Würfel anzeigt – Flöhe (nur der eigenen Farbe!) gelegt oder aus dem Flöhe (in beliebiger Farbe) herausgenommen werden. Wenn ein Mitspieler «jeder gibt» würfelt, darf er eine Zahl zwischen 0 und 5 bestimmen, und diese gilt natürlich für alle. Es darf nur mit Flöhen der eigenen Farbe gespielt werden, die anderen werden gehamstert. Wir könnten also 6 Täschchen weben, deren Farbe jeweils jener der Flöhe entspricht: Blau, Rot, Violett, Gelb, Weiss, Grün. Damit die eigenen und die gehamsterten Flöhe getrennt versorgt werden können, legen wir den Futterstoff doppelt, so dass zwei Fächer entstehen.

Flohtäschchen

Anknüpfen siehe b), Seite 11.
Aufspannen über die mittleren 13 Schlitze.
Weben nach der zweiten Art (siehe Seite 18) und zwar über die ganze Länge des Webrahmens (siehe Seite 22).

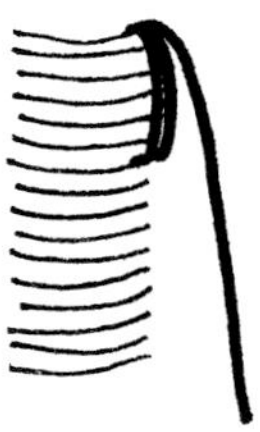

Die vorstehenden Spannfäden (wir brauchen sie nachher für das Zusammennähen des Täschchens) befestigen wir vorläufig mit einigen Überwindlungsstichen (siehe Zeichnung), nachdem wir die Webkanten auf die richtige Länge angezogen haben.

Der **Futterstoff** ist 46 × 10 cm gross.

An allen vier Rändern biegen wir einen 1 cm breiten Einschlag um und stecken dann auf der **Vorderseite** 4 Stecknadeln ein (siehe Zeichnung 1).

Jetzt legen wir den Stoff so doppelt (**Rückseite** obenauf), dass die Stecknadeln aufeinander zu liegen kommen (siehe Zeichnung 2), ziehen die eine heraus und stecken die andere durch **beide** Stofflagen.

Nun legen wir wieder die Vorderseite des Futterstoffes vor uns hin und klappen die Falte auf den grösseren Stoffteil (siehe Zeichnung 3). Wir stecken den Stoff auf das Webstück und säumen den Futterstoff an (bei der Falte alle drei Stoffteile durchstechen).

Jetzt lösen wir die Hilfsstiche der Spannfäden auf.

Wir legen die unteren 9 cm des Webstückes nach oben auf die Stoffalte und stecken die Ränder zusammen. Mit dem Spannfaden A nähen wir die Naht (siehe Seite 29). Die ersten Stiche nähen wir zur Verstärkung doppelt.

Mit dem Spannfaden B stechen wir durch die Webkante (obersten Webfaden übergehen! siehe Zeichnung Seite 26) bis zu × und nähen die zweite Naht auf die gleiche Weise.

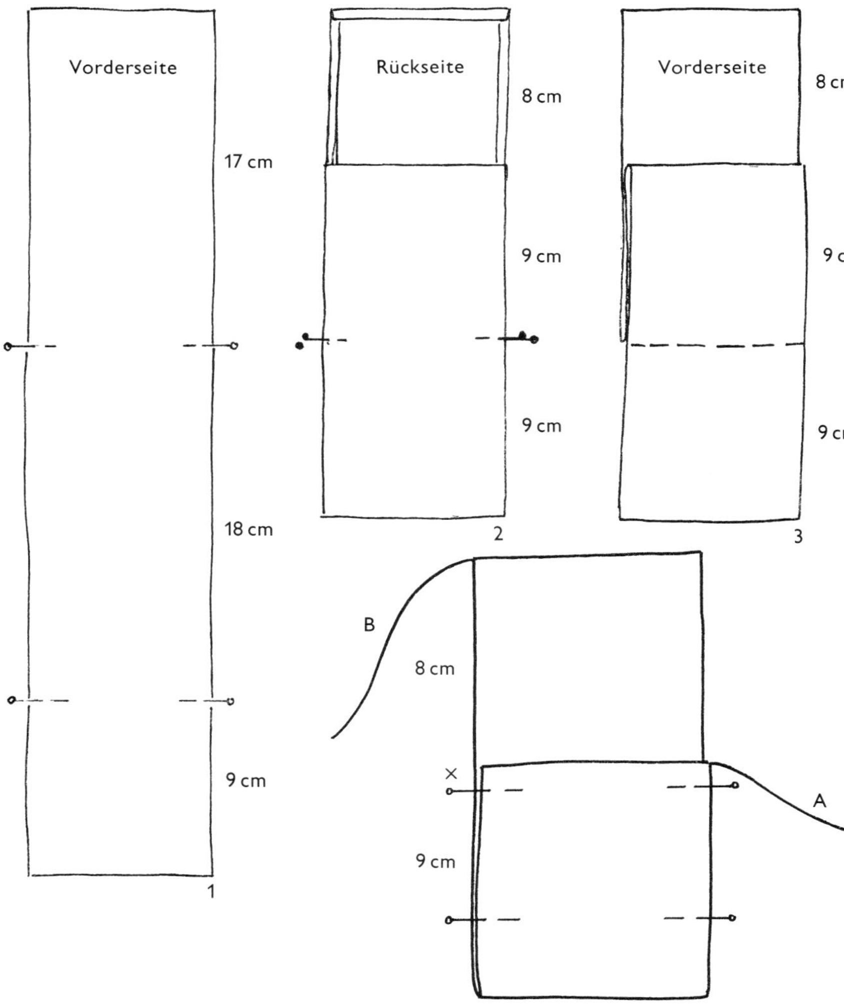

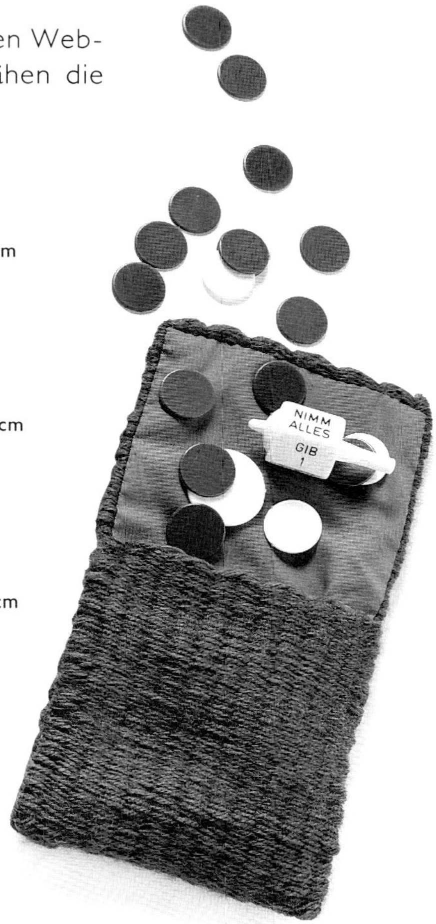

Halstäschchen

Anknüpfen siehe a), Seite 11.
Aufspannen über die mittleren 17 Schlitze (beidseitig bleiben also je 4 Schlitze leer).
Weben nach der zweiten Art (siehe Seite 18), und zwar über die ganze Länge des Webrahmens (siehe Seite 22).

Für das Täschchen biegen wir 9–10 cm des Webstückes um (die Fadenenden liegen natürlich innen).

Den einen vorstehenden Spannfaden (siehe Zeichnung, A) fädeln wir in die dicke, stumpfe Wollnadel ein und ziehen den Spannfaden so an, dass die Webkante die richtige Länge aufweist. Wir nähen von 1 nach 2 (siehe Seite 29); die ersten Stiche zur Verstärkung doppelt nähen.

Mit dem Spannfaden B stechen wir durch die Webkante (obersten Webfaden übergehen! siehe Zeichnung Seite 26) nach 3 und nähen die Naht nach 4 auf die gleiche Weise.

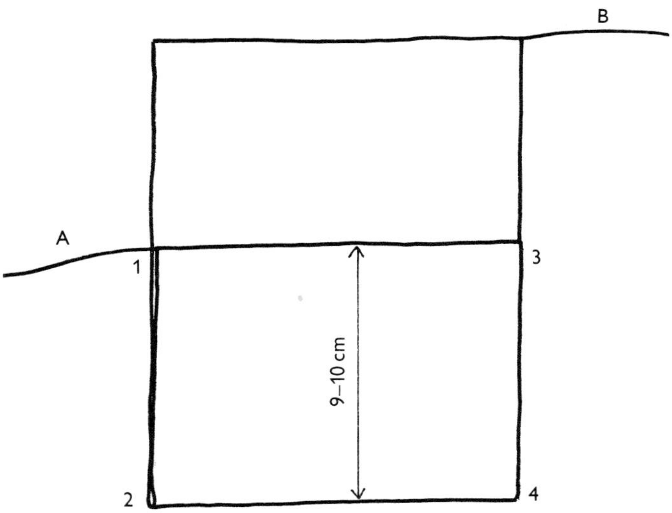

Für die **gedrehte Schnur** nehmen wir einen 2,80 m langen Wollfaden, je nach Dicke der Wolle, 4- bis 6fach. Die fertige Länge beträgt nachher ca. 1 m. An den Enden machen wir je einen Knoten und nähen die Schnur auf den seitlichen Nähten an (siehe Foto).

Knopfverschluss: Wenn der Knopf eine Öse hat, können wir ihn im Innern des Täschchens mit einer Sicherheitsnadel befestigen (siehe Foto 1).

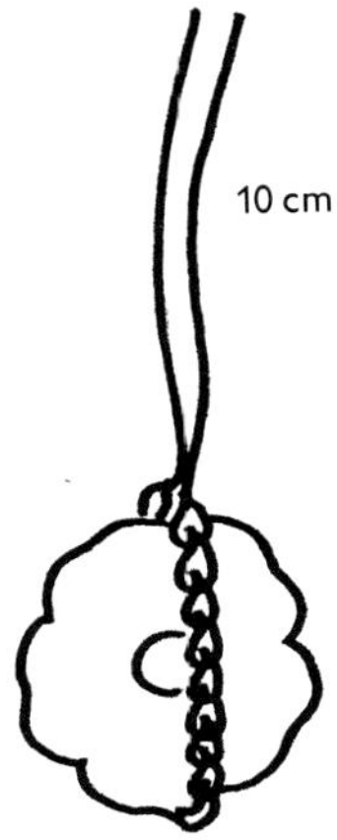

Für die Schlinge lassen wir von einem Wollfaden ca. 10 cm vorstehen, schlagen auf eine Häkelnadel (z. B. Nr. 3) eine Masche an und häkeln eine Luftmaschenkette in der benötigten Länge (siehe Zeichnung).

Wir nähen diese Luftmaschenkette als Schlinge auf der Innenseite der Klappe mit Hinterstichen an (siehe Foto 2).

1

2

Hirtentasche

Anknüpfen siehe b), Seite 11.
Aufspannen mit 6fachem Garn über die ganze Breite.
Weben nach der ersten Art (siehe Seite 15), und zwar über die ganze Länge des Webrahmens.
Wir brauchen 2 solche Webstücke.
Streifenmuster siehe Seite 34.

Die beiden Teile werden seitlich und unten (wie auf Seite 29 beschrieben) zusammengenäht. Am oberen Rand wird ein Einschlag von ungefähr 3 cm umgebogen und angenäht.

Wir **häkeln** die **Schnur**, weil dies viel weniger Material verbraucht als eine gedrehte Kordel und weil so genau die gewünschte Länge hergestellt werden kann:

Wir lassen vom Wollfaden etwa 40 cm vorstehen (damit nähen wir später die Schnur seitlich an die Tasche), schlagen auf eine Häkelnadel Nr. 4 eine Masche an, häkeln 5–7 Luftmaschen (wir müssen ausprobieren, welche Dicke uns gefällt) und schliessen diese zum Kreis.

Wir häkeln im **Innern** der Schnur **feste Maschen**, fassen jedoch stets nur eine Maschenhälfte auf (siehe Foto). Wenn wir durch Anprobieren die richtige Länge erreicht haben, lassen wir wieder 40 cm Faden vorstehen und schneiden ihn ab.

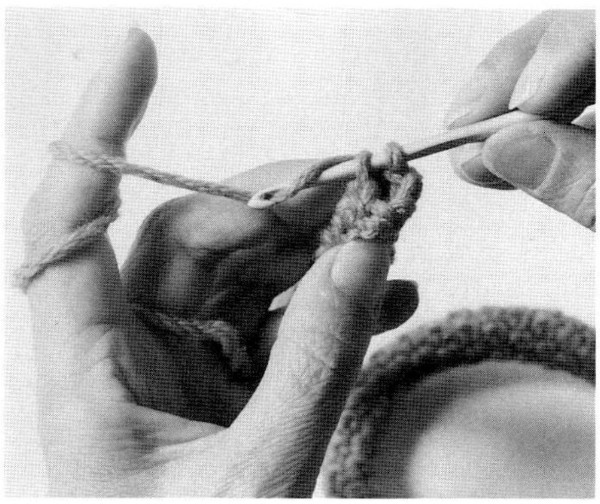

Für die **Quasten** wickeln wir den Wollfaden 25- bis 30mal um ein Kartonstück (zum Beispiel um einen kleinen Notizblock). Dann legen wir ein etwa 50 cm langes Fadenstück doppelt, fädeln es in die dicke, stumpfe Wollnadel ein und fassen alle aufgewickelten Fäden auf (siehe Zeichnung 1).

Dann fassen wir die Schlinge des eingefädelten Fadens auf und nehmen den Karton weg (siehe Zeichnung 2).

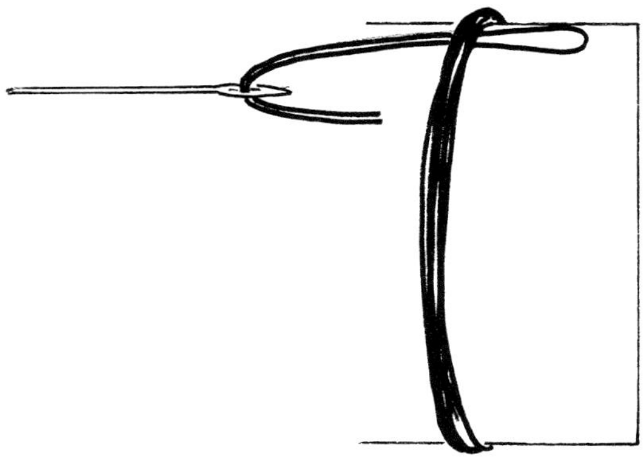

1

2

Wir stechen neben der Schlinge ein und fassen ein Stück von etwa 2 cm auf (siehe Foto 1). Wir wickeln den Faden 3mal ganz straff um die Quaste herum, befestigen diese Windungen mit 2 Überwindlungsstichen und stechen wieder ans obere Ende (siehe Foto 2).

1

2

Mit einigen Stichen befestigen wir anschliessend die Quaste an der Schnur. Jetzt fädeln wir den vorstehenden Faden der Schnur ein und nähen die Schnur an die Seitennaht (siehe Fotos). (Durch das Häkeln ist die Schnur verdreht. Wir achten jedoch darauf, dass wir die Schnur annähen, ohne dass sie verdreht ist!)

Stoffutter: Wir falten ein 40 × 24 cm grosses Stoffstück und nähen es seitlich und unten zusammen (Nahtbreite ca. 12 mm).

Am oberen Rand biegen wir einen Einschlag von ca. 1 cm um, bezeichnen gegenüber der Naht mit einer Stecknadel die Hälfte, schieben den Futterstoff in die Tasche, stekken ihn etwa 1,5 cm unterhalb des Taschenrandes fest und nähen ihn mit doppeltem Nähfaden an.

Faulenzer

«Faulenzer» ist eine hübsche Bezeichnung für ein Etui, in das Bleistifte, Kugelschreiber, Gummi und so weiter kunterbunt hineingeworfen werden.

Anknüpfen siehe a), Seite 11.
Aufspannen über die ganze Breite des Webrahmens.
Weben nach der zweiten Art (siehe Seite 18) und zwar 22 cm hoch. (Diese Höhe ergibt die **Länge** des Faulenzers.)
Nachziehen der Spannfäden (siehe Seite 23 ff.), Linie auf dem Schema bei 22 cm.
Die fertige Grösse des Webstückes beträgt also 22 cm × 18,5 cm. Von den Spannfäden ca. 30 cm vorstehen lassen, den Rest abschneiden. Die vorstehenden Spannfäden werden **nicht** vernäht.

Der Faulenzer wird mit einem soliden **Futterstoff** (z. B. Jeansstoff) gefüttert. Wir brauchen dafür ein Stoffstück, das gleich gross ist wie das Webstück, also 22 cm × 18,5 cm.

Ausserdem brauchen wir einen 20 cm langen Reissverschluss, der in der Farbe zur Weberei passt.

Wir stecken den Reissverschluss auf der schönen Seite des Futterstoffes, 8 mm von dessen Kante entfernt, an (am Anfang und Ende des Reissverschlusses soll gleich viel Futterstoff vorstehen). Wir nähen ihn mit der Maschine 2 mm von der Kante entfernt an (siehe Zeichnung).

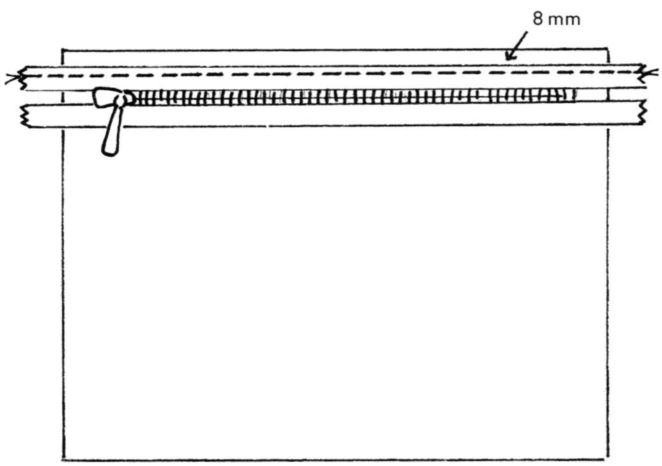

Wenn wir über die **ganze** Reissverschluss-Länge nähen – also auch über die vorstehenden Enden –, können wir die Fäden abschneiden, ohne sie vorher zu verknüpfen.

Die andere Kante des Reissverschlusses nähen wir auf die gleiche Weise an die gegenüberliegende Seite des Futterstoffes.

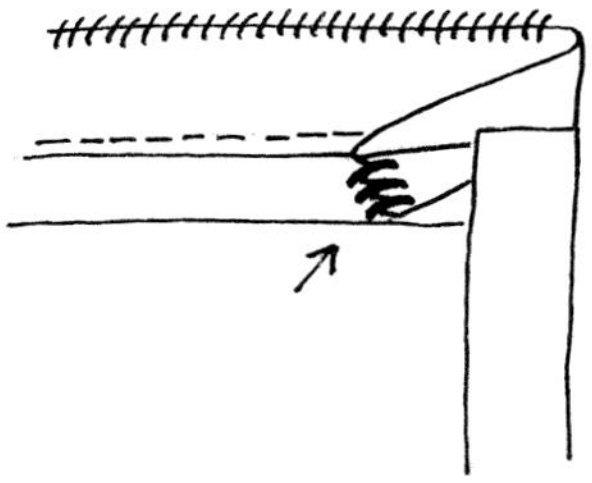

Jetzt öffnen wir den Reissverschluss, legen die Naht auf den Futterstoff und streichen die Nahtrinne glatt (siehe Foto 1).

Nun biegen wir an beiden seitlichen Rändern je 1 cm auf die Rückseite, falten alle 4 Enden des Reissverschlusses schräg um und befestigen sie mit einigen Stichen an der Naht (siehe Zeichnung).

Jetzt ist das Futter vorbereitet; die seitlichen Nähte werden **noch nicht** ausgeführt (siehe Foto 2).

1

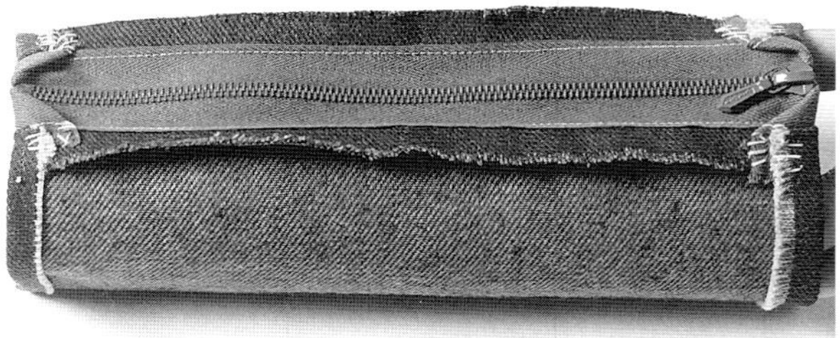

2

Damit wir die weichen Webkanten besser an den Reissverschluss-Stoff nähen können, häkeln wir mit der **Webwolle** eine Reihe **fester Maschen**. Wir häkeln auf der Vorder- oder auf der Rückseite des Webstückes (beides sieht gut aus). Wir beginnen jedenfalls dort, wo der 30 cm lange Spannfaden heraushängt: Wir lassen von der Webwolle etwa 10 cm vorstehen, schlagen auf eine Häkelnadel Nr. 3 eine Masche an und fassen die ersten 4 Schlingen der Webkante auf (siehe Foto 3).

Wir häkeln feste Maschen und fassen immer wieder 4 Schlingen auf. Der lose Spannfaden erlaubt uns, die Schlingen der Webkante ohne Mühe abzuzählen und nachher die Kante wieder auf die gewünschte Länge anzuziehen (siehe Foto 4).

3

4

Anfangs- und Endfaden der **Häkelreihe** vernähen wir auf der Rückseite des Webstückes. Die **Spannfäden** werden **nicht** vernäht.

Jetzt öffnen wir den Reissverschluss. Wir stecken die Häkelkante so auf den Reissverschluss-Stoff, dass das Webstück seitlich je 1 cm vorsteht. Neben den Metallzähnchen des Reissverschlusses müssen 3–4 mm frei bleiben, damit der Schlitten mühelos hin- und hergleiten kann (siehe Foto 5).

5

Wir nähen Steppstiche (das sind Hinterstiche, die aneinander stossen) mit doppeltem, starkem Faden in der Mitte der Häkelmaschen. Jeder Stich ist so gross wie eine Masche. Die Nählinie liegt dicht neben der Naht auf dem Reissverschluss-Stoff.

Jetzt nähen wir den Futterstoff seitlich zusammen: Wir beginnen unterhalb des Reissverschlusses und machen dort zur Verstärkung einige Überwindlungsstiche übereinander.

Zuletzt nähen wir mit den vorstehenden Spannfäden den Faulenzer seitlich zusammen: Wir ziehen den Spannfaden auf seine benötigte Länge an, nähen die Ecken des Webstückes mit einigen Stichen zusammen und nähen dann die Naht, wie auf Seite 29 beschrieben.

Topflappen entstehen: Emanuel reisst die Stoffstreifen weg, Roger webt, Ladina schiebt die letzten Reihen mit Hilfe einer Stricknadel durch die Spannfäden und Sandro häkelt den Aufhänger.

Topflappen

Für die **Spannfäden** dieser strapazierfähigen Topflappen verwenden wir einen Knäuel **Schnur**. Natürlich darf diese Schnur nur so dick sein, dass sie gut durch die Schlitze des Webrahmens geführt werden kann. Anstelle der Webfäden verwenden wir 5 cm breite **Baumwoll-Stoffstreifen**. Dadurch, dass diese während des Webens kräftig zusammengeschoben werden, entsteht die erforderliche Dicke des Topflappens. Für die Stoffstreifen macht man am besten an der Webkante eines Stoffstückes Einschnitte im Abstand von 5 cm und reisst dann die Streifen **weg**. Es spielt keine Rolle, wie lang diese Streifen sind: Ist ein Streifen bis auf wenige Zentimeter verwoben, nähen wir den nächsten mit einigen Stichen an das restliche kleine Stück. Wir können einen einzigen Stoff oder – für einen gestreiften Topflappen – mehrere Stoffe verwenden. Es ist günstig, vor Beginn der Arbeit eine Anzahl Stoffstreifen bereitzulegen. Die nach dem Reissen heraushängenden Stoffäden nehmen wir weg.

Anknüpfen der Schnur siehe b), Seite 11.
(Wir achten darauf, dass das vorstehende Schnurstück etwa 70 cm lang ist. Es dient uns später zum Häkeln des Aufhängers.)
Aufspannen über die ganze Breite des Webrahmens.
Damit die Spanndrähte nicht verbogen werden, befestigen wir sie am Webrahmen, siehe Seite 14.

Weben Die Stoffstreifen können mit den Fingerspitzen oder mit Hilfe der Webnadel zwischen die Spannfäden gewoben werden. Natürlich können wir die Stoffstreifen nicht einfädeln. Wenn wir jedoch einige Zentimeter davon um das **Ende** der Webnadel legen, können wir den Streifen durch die Spannfäden **schieben** (siehe Foto).

Wenn wir die erste Reihe gewoben haben, ziehen wir den Stoffstreifen nur soweit heraus, dass noch ein Stück von **2½ Webbreiten** vorsteht. (Damit füllen wir nach dem Herausheben des fertigen Webstückes die Spannfadenbogen aus.)

Während des Webens achten wir darauf, dass wir die Stoffstreifen nicht straff, sondern eher lose durch die Spannfäden legen (siehe Foto 1).

Wenn vom Stoffstreifen noch ein kleines Stück übrig ist, legen wir den nächsten so darauf, dass ungefähr ½ cm doppelt liegt. Wir nähen die Streifen in der Mitte des doppelten Stückes mit einigen Stichen zusammen (siehe Foto 2).

1

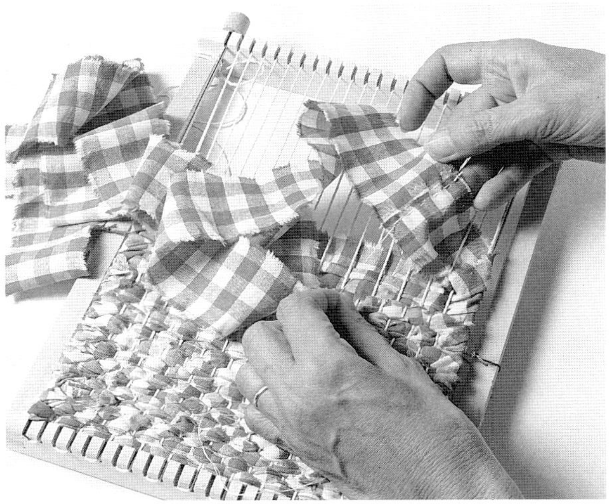
2

Immer wieder schieben wir das Webstück mit den Fingerspitzen kräftig zusammen.

Ganz zuoberst hilft uns eine Stricknadel, den Stoffstreifen zwischen die Spannfäden zu stossen (siehe Foto 3). Wenn die ganze Webfläche fertiggestellt ist, sollte – wie am Anfang – ein Stoffstreifenstück von 2½ Webbreiten vorstehen.

3

Wir lösen das fertige Webstück vom Rahmen und füllen die Spannfadenbogen mit dem vorstehenden Stoffstreifen aus. Dies ist etwas beschwerlich, aber vielleicht lässt sich der Streifen gefaltet in die Smyrna-Nadel einfädeln. Nach zwei Reihen wird das Streifenende zwischen die beiden letzten Reihen hineingezogen und abgeschnitten.

Mit einer Häkelnadel Nr. 4 häkeln wir aus dem vorstehenden Schnuranfang eine Luftmaschenkette (für den Anfang siehe Foto).

Wir bilden eine Schlaufe, befestigen sie, so gut es eben geht, mit einigen Stichen am äussersten Spannfaden und vernähen die Schnurenden in den Webkanten.

Perlenarmband

Dieser Webrahmen eignet sich auch ausgezeichnet für **Perlenarbeiten.** Zwar sind die Abstände zwischen den Schlitzen viel grösser als die Breite der Perlen. Wir können jedoch während des Aufspannens mehrere Fäden durch einen Schlitz führen. Wenn wir dann mit den Fingerspitzen die einzelnen Fäden zwischen die Perlen der ersten Reihe legen, erhalten die Fäden den richtigen Abstand zueinander.

Auf einem karierten Blatt zeichnen wir Muster auf.

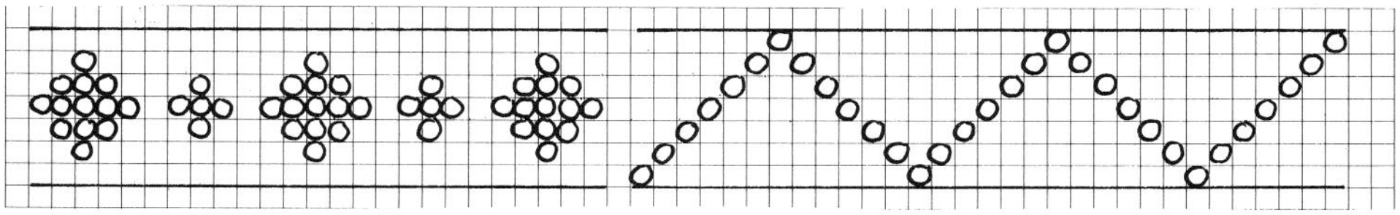

Eine **ungerade** Perlenzahl, zum Beispiel **7,** eignet sich besonders gut für Buchstaben.

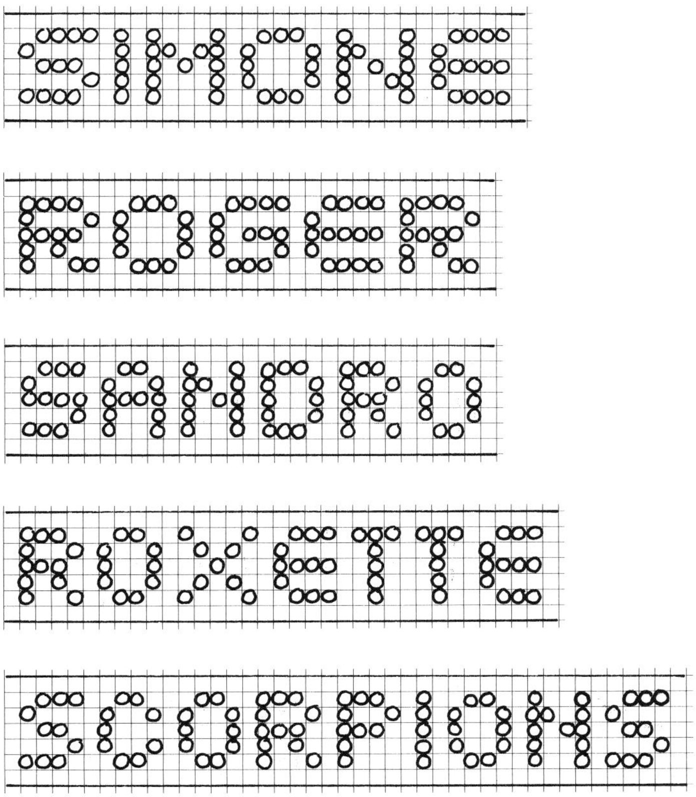

Berechnen der Länge

Die **Länge** der Strecke, die 7 Perlen breit ist, sollte mindestens 3 cm kürzer sein als die Handgelenkweite.

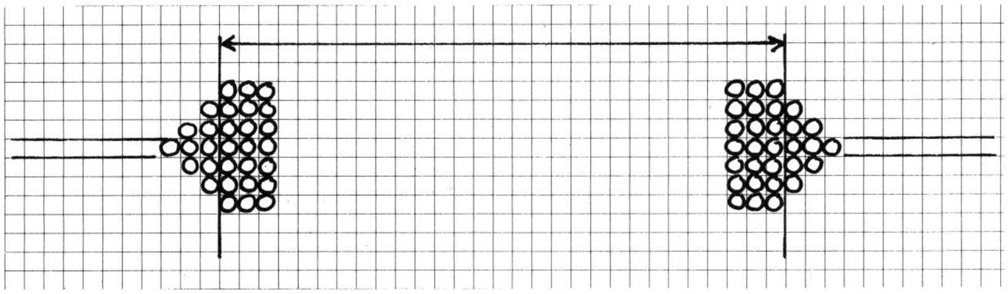

Die schrägen Enden mit 5, 3 und 1 Perle machen miteinander etwa 1,5 cm aus. Die vorstehenden Spannfäden werden gezöpfelt und verknüpft.

Wenn wir ein **Wort** in die Mitte des Armbandes setzen wollen, können wir ungefähr berechnen, wie viele leere Perlenreihen vorher und nachher gewoben werden sollten.

4 Perlenreihen ergeben ungefähr 1 cm Länge.

Beispiel: Handgelenkweite = 15 cm
Länge des 7 Perlen breiten Stückes = 15 – 3 cm = 12 cm
Das Wort **Simone** weist 31 Perlenreihen auf:

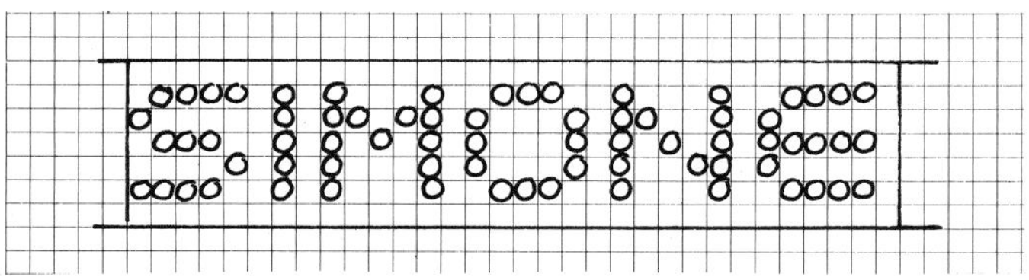

31 (bzw. 32) Perlenreihen ergeben etwa 8 cm Länge.
Benötigte Länge = 12 cm
Länge des Wortes = 8 cm
4 cm : 2 = 2 cm = **8** Perlenreihen

Das Wort beginnt also nach 8 Perlenreihen. Ebenso werden nach dem Wort noch 8 Perlenreihen ausgeführt, bevor die Schrägung beginnt.

Ladina und Emanuel beim Perlenweben.

Aufspannen

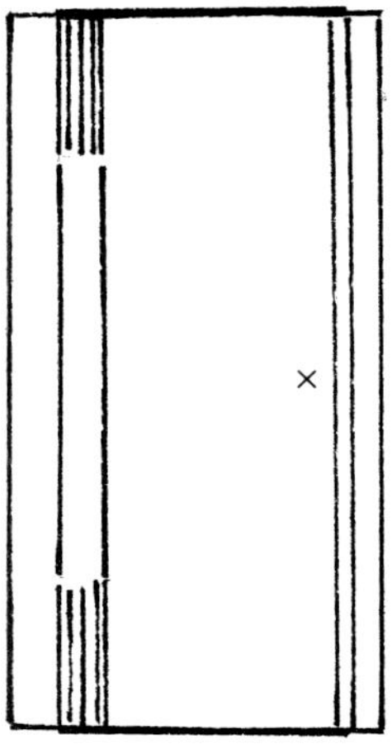

Für das Perlen-Armband können wir die Fäden nicht wie gewohnt aufspannen. Damit das Armband ums Handgelenk geknüpft werden kann, brauchen wir an beiden Enden genügend Fadenlänge, um damit je ca. 5 cm weit zöpfeln zu können.

Aus diesem Grund spannte ich bis vor kurzem die Fäden im Viereck auf und zerschnitt dann die Fäden in der Mitte (siehe x auf der Zeichnung).

Dass die vorstehenden Spannfäden viel zu lang waren und zum grossen Teil weggeworfen werden mussten, erschien mir unvermeidlich.

Ein fremder Bub, der mir an einer Ausstellung beim Weben zusah, verblüffte mich mit seinen Überlegungen. «Was macht du mit den viel zu langen Fäden?» fragte er. «Wegwerfen», sagte ich. «Wenn du anders aufspannen würdest», fuhr er fort, «könntest du aufs Mal zwei Armbänder weben, also die Fäden besser ausnutzen. Ausserdem wäre es praktischer, wenn du die Perlen, die du auffassen willst, nicht neben, sondern **in** den Webrahmen leeren würdest.» Wie wahr!

Und ein anderer Bub fand heraus, wie die Enden der 7 Perlen breiten Reihen ausgeführt werden können, bevor das Zöpfchen beginnt: je eine Reihe mit 5, 3, und 1 Perle (siehe Seite 68).

Für die **Spannfäden** brauchen wir starken Faden, z. B. Mettler silk-finish, 24/3.

Die **Anzahl** der Spannfäden richtet sich nach der Breite der Perlenarbeit: Perlenzahl + 1 = Anzahl Spannfäden.

Tip Ich nehme die beiden Randfäden immer doppelt, brauche also zwei zusätzliche Fäden. Meine Faustregel heisst deshalb: **Perlenanzahl + 3 = Anzahl Spannfäden.**

Wir spannen nun also so auf, dass die Fadenlänge für **zwei** Armbänder reicht.

Tip Es ist günstig, die Fadenspule während des Spannens in einen Behälter zu legen, damit sie nicht herumzwirbelt.

Wir knüpfen den Faden im ersten Schlitz an der linken oberen Ecke an und führen ihn – immer gut angezogen – nach A – B – C – D, das heisst **immer durch den vierten Schlitz, von der Ecke aus gezählt,** (siehe Zeichnung 1).

Wir führen den Faden weiter, wieder nach A – B – C – D, bis im ganzen 5 Fäden übereinander liegen.

Die folgenden 5 Fäden spannen wir von A_1 nach B_1 – C_1 – D_1, das heisst **immer durch den fünften Schlitz, von der Ecke aus gezählt,** (siehe Zeichnung 2).

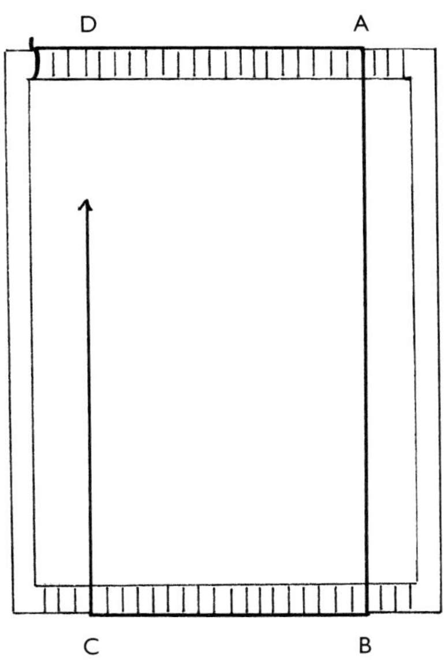

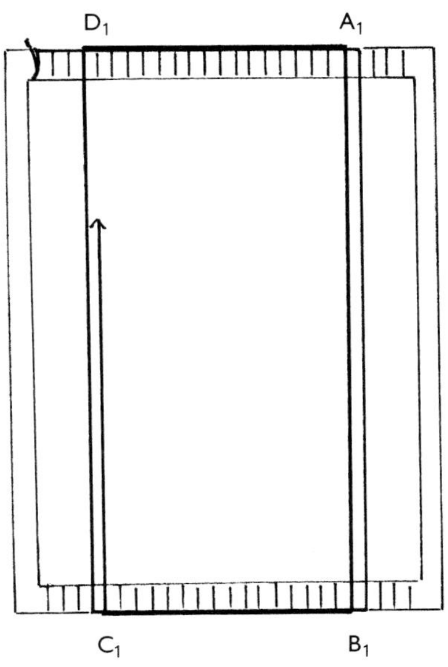

Zuletzt führen wir den Faden zur rechten oberen Ecke, schneiden ihn auf etwa 20 cm ab, wickeln ihn durch den ersten, zweiten und dritten Schlitz um die Querleiste des Webrahmens herum und befestigen den aufgewickelten Faden mit einem Stück Klebstreifen (siehe Zeichnung 1, Seite 13).

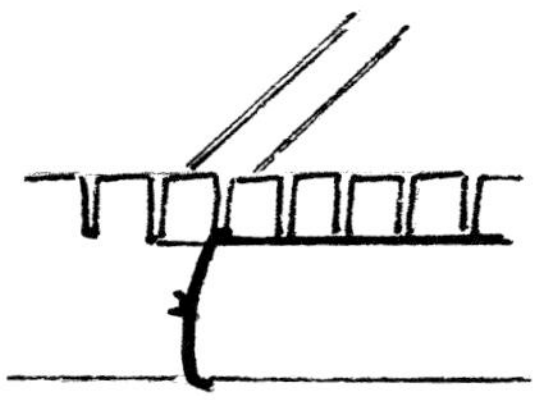

Tip Es ist von Vorteil, die Spannfäden bei A_1, B_1, C_1 und D_1 mit einem Fadenstück am Webrahmen festzubinden (siehe Zeichnung).

Jetzt schneiden wir einen Arbeitsfaden von ungefähr 90 cm Länge ab. Wir verwenden dafür denselben Faden wie für die Spannfäden. Für eine schmale Arbeit wie das Armband, könnten wir den Faden in eine sehr dünne Nähnadel einfädeln. Wenn möglich verwenden wir jedoch die besonders lange **Perlennadel Nr. 10.**

Tip Für Perlenarbeiten verwenden wir oft recht lange Arbeitsfäden. Wir dürfen jedoch nicht, wie wir es vom Nähen her gewohnt sind, ein grosses Stück davon durch das Nadelöhr ziehen, denn der Faden wird beim Nadelöhr von den Perlen häufig richtig zerschlissen, so dass das durchgezogene Fadenstück nicht mehr zu gebrauchen ist. Es empfiehlt sich also, jeweils nur etwa 10 cm durch das Öhr zu ziehen. (Das Nadelöhr ist so eng, dass der Faden nicht von selbst herausgleiten kann).

Tip Wenn sich der Faden kräuselt und sich verknüpfen will, halten wir den Webrahmen in die Höhe und lassen den Arbeitsfaden frei hängen, bis er ruhig und gerade herunterhängt.

Einweben der Perlen

Wir beginnen bei x (siehe Zeichnung), also 3–4 cm oberhalb der unteren Querleiste. Das vorstehende Fadenende (xx) sollte etwa 30 cm lang sein. Wir wickeln es einige Male um den Webrahmen (siehe Zeichnung) und befestigen es mit einem Stück Klebstreifen.

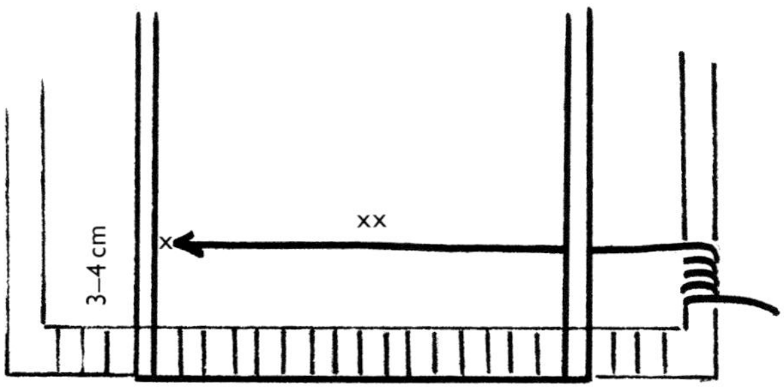

Nun fassen wir **auf die Nadel** 7 Perlen auf (das kleine schräge Stück wird erst zuletzt gemacht).

Wir halten den Mittelfinger der rechten Hand mit der Nadel und den Perlen von rechts nach links unter die Spannfäden und drücken diese nach oben. Mit den Fingerspitzen der linken Hand heben wir die Spannfäden einzeln an und legen sie zwischen die Perlen (je **2** Fäden am Rand, siehe Foto 1).

Während der Mittelfinger der rechten Hand in dieser Stellung bleibt, ziehen wir mit der linken Hand die Nadel sorgfältig heraus, bis der Faden gestreckt ist. Dann fasst die linke Hand mit der Nadel alle Perlen noch einmal auf, und zwar von links nach rechts und **oberhalb der Spannfäden** (siehe Foto 2).

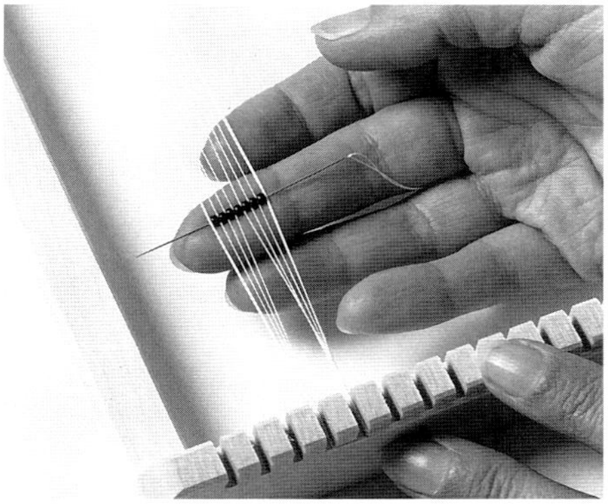
1

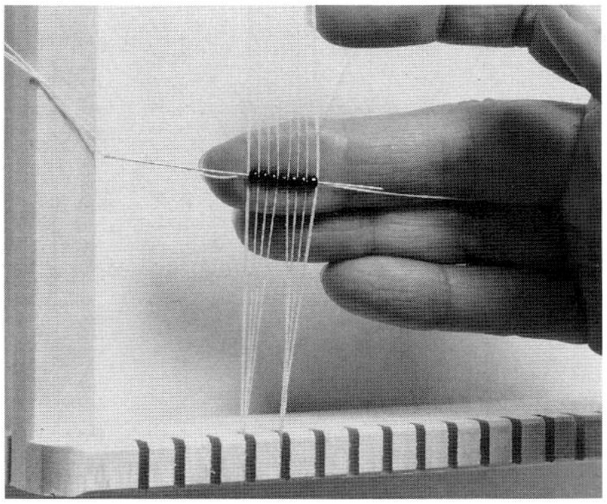
2

Es muss unbedingt darauf geachtet werden, **dass die Nadel überall zwischen den Perlen zu sehen ist.** Der rechte Mittelfinger kann jetzt loslassen, die rechte Hand zieht den Arbeitsfaden heraus.

Die erste Perlenreihe verliert ihr wackliges Aussehen, sobald wir weiterarbeiten: 7 Perlen auffassen und mit der Nadel und dem rechten Mittelfinger von rechts nach links unter die Spannfäden halten und nach oben drücken. Die Nadel mit der linken Hand herausziehen, bis sich der Faden straff um die Webkante legt, dann die Nadel oberhalb der Spannfäden von links nach rechts wieder durch die Perlen schieben (**immer** darauf achten, dass die Nadel zwischen den Perlen zu sehen ist) und den Arbeitsfaden mit der rechten Hand herausziehen.

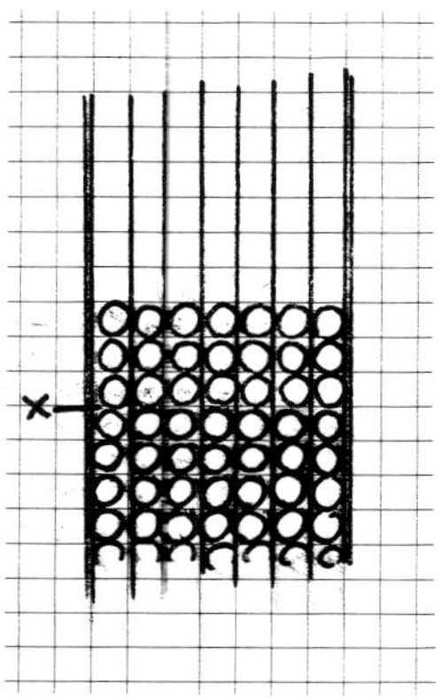

Wenn der Arbeitsfaden aufgebraucht ist, setzen wir den neuen Faden folgendermassen ein: Wir fassen die Perlen der viertletzten Reihe von rechts nach links auf und ziehen den Faden ein Stück weit heraus. Dann stechen wir bei x (also innerhalb der doppelten Randfäden, siehe Zeichnung) nach unten, ziehen den Faden ein Stück weit heraus und fassen anschliessend die Perlen der drittletzten Reihe von links nach rechts auf. Jetzt ziehen wir den Faden soweit heraus, dass sein Ende knapp verschwindet.

Wieder stechen wir innerhalb der Randfäden nach unten, fassen dann die Perlen der zweitletzten Reihe auf und so weiter.

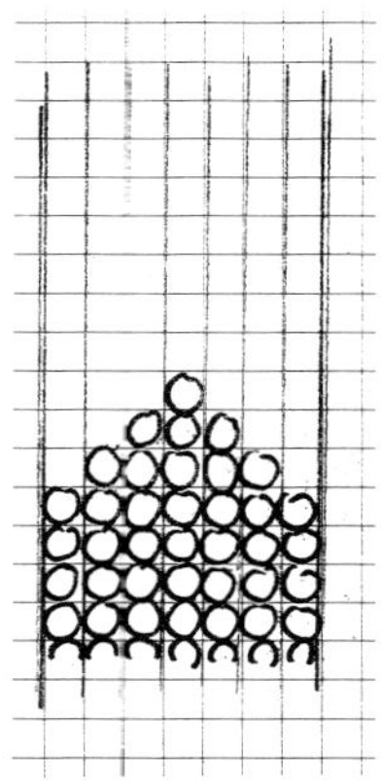

Zuletzt sind wir dort angelangt, wo der Rest des ersten Fadens heraushängt. Diesen schneiden wir sorgfältig ab und arbeiten dann mit dem neuen Faden weiter, bis die 7 Perlen breite Strecke fertiggestellt ist.

Für das **schräge Ende** arbeiten wir wie gewohnt weiter, fassen aber nur noch 5, 3 und 1 Perle auf (siehe Zeichnung).

Die Spannfäden werden an die Perlen herangezogen. Anfänglich werden sie zwar immer wieder lose. Wenn wir aber den Arbeitsfaden nach der letzten, einzelnen Perle noch einmal gut anziehen und so oft durch die einzelne Perle hin- und herstechen, wie es geht, hält alles gut zusammen.

Das Ende des Arbeitsfadens lassen wir vorläufig stehen. Nun lösen wir den **Anfang** des Arbeitsfadens vom Webrahmen und fädeln ihn in die Perlennadel ein.

Wir stechen bei x (siehe Zeichnung 1) innerhalb der doppelten Randfäden nach unten und arbeiten weiter mit 5, 3 und 1 Perle. Auch dieses Fadenende lassen wir vorläufig stehen.

Erst wenn das **zweite Armband** ebenfalls fertig ist, schneiden wir die Spannfäden bei x (siehe Zeichnung 2) entzwei.

Nun legen wir die Enden der vorstehenden Arbeitsfäden zu den Spannfäden, teilen die Fäden in ungefähr drei gleich dicke Teile. Wir zöpfeln ein etwa 5 cm langes Stück, machen einen Knoten und schneiden den Rest der Fäden ab.

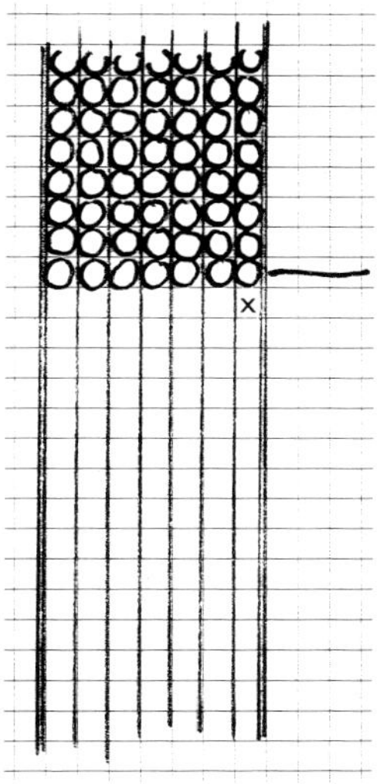

1

Tip Wenn wir die Webarbeit mit Stecknadeln zum Beispiel an einem Nähkissen befestigen, geht das Zöpfeln viel besser.

Ein Hinweis

Auf diesem Webrahmen können auch längere Perlenarbeiten ausgeführt werden. In meinem Buch «Arbeiten mit Perlen» (ebenfalls im AT Verlag) findet sich die Beschreibung für die Anfertigung eines **Gürtels.**

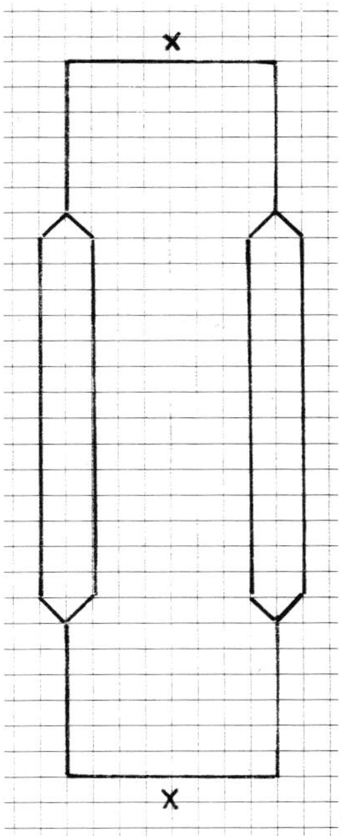

2

Alle Webarbeiten, die in diesem Buch beschrieben sind, wurden auf dem kleinen, nur 22 × 27 cm grossen ABA-Webrahmen aus der Behindertenwerkstätte Amriswil hergestellt.

Zum Webrahmen gehören 2 Spanndrähte und 3 Webnadeln.

Der ABA-Webrahmen ist zum Preis von Fr. 24.80 (inkl. Porto) in einer soliden Kartonschachtel erhältlich bei:

Arbeitsheim für Behinderte, Arbonerstrasse 15, CH-8580 Amriswil,
Tel. 071/67 18 61, Telefax 071/67 72 78

oder

Trudi Schmid, Säntisstrasse 15, CH-8805 Richterswil, Tel. 01/784 00 91